进水塔结构三维建模及温度分析

张宏洋　著

科学出版社

北京

内 容 简 介

本书以进水塔结构施工期及蓄水期温度场及温度应力分析为中心,以大体积混凝土热传导理论为基础,重点研究了进水塔结构三维建模技术、与有限元软件的接口处理技术、有限元软件的仿真分析技术,基于这些成果,对进水塔结构蓄水期的安全问题进行了预测,并对常用的温控防裂措施进行了评估。全书共分6章,内容包括绪论、大体积混凝土温度场原理及裂缝控制、进水塔底板施工期观测及温度场数值分析、进水塔结构三维建模、进水塔温度场及温度应力仿真分析和结论与展望。

本书可供水利水电工程、农业水利工程和港口河道工程等专业科技人员进行相关的设计与科研,也可作为相关专业本科生、研究生的学习用书。

图书在版编目(CIP)数据

进水塔结构三维建模及温度分析/张宏洋著. —北京:科学出版社,2016
ISBN 978-7-03-045806-3

Ⅰ.①进… Ⅱ.①张… Ⅲ.①进水塔-计算机辅助设计-应用软件
Ⅳ.①TV671-39

中国版本图书馆 CIP 数据核字(2015)第 221826 号

责任编辑:耿建业 武 洲 / 责任校对:胡小洁
责任印制:徐晓晨 / 封面设计:华路天然设计

科 学 出 版 社 出版
北京东黄城根北街 16 号
邮政编码:100717
http://www.sciencep.com

北京厚诚则铭印刷科技有限公司 印刷
科学出版社发行 各地新华书店经销
*
2016 年 5 月第 一 版 开本:720×1000 B5
2016 年 8 月第二次印刷 印张:8 1/2
字数:210 000
定价:88.00 元
(如有印装质量问题,我社负责调换)

前　言

新中国成立以来,我国的水利建设成绩卓著,建成了一大批水利基础设施,初步形成了防洪、排涝、灌溉、供水、发电等工程体系,在防御水旱灾害,保障国民经济持续发展和人民生命财产安全,改善生态环境,维护社会稳定等方面发挥了重大作用。截至 2012 年,我国共建成各类水库 97543 座,水库总库容 8255 亿 m³。其中大型水库 683 座,总库容 6493 亿 m³;中型水库 3758 座,总库容 1064 亿 m³。

在水利水电工程中,为发电、供水、泄洪等综合利用的目的,往往需要在水位变幅很大的天然河道、湖泊、人工水库或调节池的供水和泄水池中取水,系统的首部需要设置取水口,进水塔因其不依靠岸坡维持稳定,适合岸坡岩石较差、覆盖层较厚的恶劣地质条件而成为最常见的取水口结构。进水塔是一种体型结构、边界条件和受力情况比较复杂的水工建筑物,一般采用薄壁空腹箱形结构,建在靠近岸边的水库中,顶部用工作桥与河岸连接,其外围四周皆承受水压力,材料为钢筋混凝土。其是利用大体积混凝土修建的一种典型的水工建筑物,研究其施工及运行期的安全稳定问题,也是研究大体积混凝土结构的安全问题。

本书结合河南省燕山水库进水塔结构,结合其施工期相关温控防裂措施,进行了进水塔结构三维建模及施工期和模拟蓄水期的温度有限元分析,得出进水塔结构施工期及模拟蓄水期温度场分布以及温度应力大小,判断什么位置可能因温度应力过大导致产生温度裂缝,同时通过分析现场实测资料对现行温控防裂措施的效果进行评估。

本书共 6 章。第 1 章绪论,介绍大体积混凝土的定义,分析国内外大体积混凝土结构温控防裂的研究现状及存在的问题,介绍常用的复杂结构三维建模软件,并据此提出本书的主要研究内容。第 2 章大体积混凝土温度场原理及裂缝控制,分析混凝土热力学特性;阐述混凝土的温升和力学性能与水泥水化反应的内在联系,分析影响水泥水化反应的主要因素;介绍描述水泥水化反应的水化度和成熟度概念及其关系,对比分析基于水化度的几种绝热温升计算模型;介绍混凝土非稳定温度场的基本理论与有限单元求解方法、混凝土应力场的基本理论与三维有限元方法、混凝土水管冷却技术的计算理论及含有冷却水管的混凝土温度场(包括精密的水管沿程水温增量计算及冷却水温迭代计算)和应力场仿真计算方法;分析混凝土结构裂缝的种类、成因、危害,提出温控防裂措施和裂缝修补技术。第 3 章进水塔底板施工期观测及温度场数值分析,介绍常用的有限元分析软件的优缺点及ANSYS软件热分析的原理;介绍进水塔底板施工方案,利用 RT－1 温度计,对进水塔底板进行了施工期温度实时监测,并应用 ANSYS 软件进行了仿真分析,通过实测结果与仿真分析结果的对比,验证进行 ANSYS 有限元分析的准确性。第 4章进水塔结构三维建模,介绍三维建模技术的发展和常用的三维建模软件的优缺点,针对进水塔结构的特点,应用 SolidWorks 软件进行了三维实体建模,并建立其与 ANSYS 软件的接口文件,使三维实体模型可以顺利导入有限元软件中进行网格剖分和数值分析。第 5 章进水塔温度场及温度应力仿真分析,结合燕山水库进水塔结构施工方案及拟蓄水方案,进行其施工期及模拟蓄水期的 ANSYS 仿真分析,得出其温度场和温度应力变化规律,结合现场实测资料对其施工期的温控措施进行评估,并为其蓄水期的温控防裂提供理论指导。第 6 章结论与展望,对本书研究内容进行总结归纳,并对进水塔这样的大体积混凝土结构温度分析理论及裂缝仿真分析方面提出展望。

　　本书部分内容是在笔者硕士论文和近年来对大体积混凝土结构等研究成果的基础上凝练而成,相关资料的收集、整理得到了郑州大学水利与环境学院、河南省水利科学研究院、华北水利水电大学等单位老师、同仁的大力支持与帮助。另外,部分理论也参考和借鉴了国内外相关论著、论文的观点。笔者在此表示感谢。本书的出版得到了水资源高效利用与保障工程河南省协同创新中心以及国家自然科学基金项目(51109081;51279064;51309101;31360204)、河南省高校科技创新团队支持计划(14IRTSTHN028)、河南省高等学校重点科研项目(15B570001)和河南省高校科技创新人才支持计划(14HASTIT047)等项目的资助。

　　进水塔等大体积混凝土结构的安全研究是一个涉及多因素影响且相对复杂的问题,目前仍有许多问题有待进一步研究,由于作者水平有限,错误和不足之处恳请专家和读者不吝批评指正。

目　　录

第1章 绪 论

1.1 问题的提出和研究意义

根据最新的水资源调查评价成果,我国水资源总量 2.84 万亿 m³,居世界第 6 位,但时空分布不均;河流水系复杂,南北差异大,南方地区河网密度较大,水量相对丰沛,一般常年有水,北方地区河流水量较少,许多为季节性河流,含沙量高;水资源与人口、耕地分布不匹配。

为了解决我国水资源时空分布不均的问题,消除洪涝灾害,几千年来,中国人民在水利建设方面取得了辉煌成就。截至 2012 年,全国已建成五级以上江河堤防 27.73 万座,保护人口 5.7 亿人,保护耕地 4300 万 hm²;我国共建成各类水库 97543 座,水库总库容 8255 亿 m³。其中大型水库 683 座,总库容 6493 亿 m³;中型水库 3758 座,总库容 1064 亿 m³(来源:2012 年全国水利发展统计公报,中华人民共和国水利部编,中国水利水电出版社,2013,11)。

在水利水电工程中,为发电、供水、泄洪等综合利用的目的,往往需要在水位变幅很大的天然河道、湖泊、人工水库或调节池的供水和泄水池中取水,系统的首部需要设置取水口,取水口按其结构形式,可分为塔式、岸塔式、斜坡式和竖井式等,其中塔式进水口,也称为进水塔,因其不依靠岸坡维持稳定,适合岸坡岩石较差、覆盖层较厚的恶劣地质条件而得到了广泛的应用。

进水塔是一种体型结构、边界条件和受力情况比较复杂的水工建筑物。一般采用薄壁空腹箱形结构,建在靠近岸边的水库中,顶部用工作桥与河岸连接,其外围四周皆承受水压力,材料为钢筋混凝土。其是利用大体积混凝土修建的一种典型的水工建筑物,研究其施工及运行期的安全稳定问题,也是研究大体积混凝土结构的安全问题。

混凝土是应用最广泛最重要的工程结构材料之一。随着国民经济的快速发展,我国基础设施建设突飞猛进,大体积混凝土越来越广泛地被用在大坝、大跨度梁和高层建筑等结构的主要受力部位。大体积混凝土结构由温度而引起的裂缝以及裂缝的开展日益受到土木、水利等工程界人士的重视。

对大体积混凝土的定义,各国的规定不尽相同,如:

(1)日本建筑学会标准 JASA 规定:结构断面最小尺寸在 80cm 以上,水化热引起的混凝土内的最高温度与外界气温之差,预计超过 25℃的混凝土,称为大体积混凝土。

　　（2）美国混凝土协会 ACI 对大体积混凝土的定义为：体积大到必须对水泥的水化热及其带来的相应体积变化采取措施，才能尽量减少开裂的一类混凝土。

　　（3）苏联规范中定义当混凝土在施工期间被分成若干独立的混凝土构件，要确定单独构件在水化热作用下的温度问题的混凝土。

　　最新观点指出：所谓大体积混凝土，是指其结构尺寸已经大到必须采取相应的技术措施，妥善处理温度差值、合理解决温度应力，并按裂缝开展处理的混凝土。

　　大体积混凝土结构有以下的特点：

　　（1）混凝土是脆性材料，抗拉强度只有抗压强度的 1/10 左右；拉伸变形能力也很小，短期加载时的极限拉伸变形只有$(0.6 \sim 1.0) \times 10^{-4}$，约相当于温度降低 $6 \sim 10℃$ 的变形；长期加载时的极限拉伸变形也只有$(1.2 \sim 2.0) \times 10^{-4}$。

　　（2）大体积混凝土结构断面尺寸比较大，混凝土浇筑后，由于水泥的水化热，内部温度急剧上升，此时混凝土弹性模量很小，徐变较大，升温引起的压应力并不大；但在日后温度逐渐降低时，弹性模量比较大，徐变较小，在一定的约束条件下会产生相当大的拉应力。

　　（3）大体积混凝土通常是暴露在外面的，表面与空气或水接触，一年四季中气温和水温的变化在大体积混凝土结构中会引起相当大的拉应力。

　　（4）大体积混凝土结构通常是不配筋的，或只在表面或孔洞附近配置少量钢筋，与结构的巨大断面相比，含钢率是极低的。在钢筋混凝土结构中，拉应力主要由钢筋承担，混凝土只承受压应力。在大体积混凝土结构内，由于没有配置钢筋，如果出现了拉应力，就要依靠混凝土本身来承受。

　　（5）大体积混凝土水工结构，通常要承受两种不同的荷载：一种是结构荷载，包括水压力、泥沙压、地震、渗压、风浪、冰凌以及结构自重和设备重量等；另一种是混凝土本身的体积变化荷载，包括温度、徐变、干湿、混凝土自身体积变形等，这种体积变化荷载会引起很大的应力，其中温度应力最为重要。

　　对我国某重力坝孔口应力进行的研究表明，按照应力的大小排列，各种荷载的次序是：温度、内水压力、自重、外水压力，而且温度应力比其他各种荷载产生的应力总和还要大。国内外的调查资料表明，建筑结构中只有 20% 的裂缝源于结构荷载，而另外 80% 却是由于温度、收缩、不均匀变形变化引起的。

　　由于大体积混凝土结构的这些特点，在大体积混凝土结构的设计中，通常要求不出现拉应力或者出现很小的拉应力，对于自重、水压力等外荷载，要做到这一点并不困难。但在施工过程中和运行期间，在气温、水温、自身水化热、水管冷却及新老混凝土相互作用等复杂因素下，混凝土温度变化较大，引起较大温度变形，当温度变形受到强制约束，便会在混凝土内产生较大的温度应力。要把这种温度变化所引起的拉应力限制在允许范围以内颇不容易。实践证明，多数大体积混凝土结构在施工期间即已开裂,因此,要求人们从更高的起点对大体积混凝土的温度应力问题进行研究,考虑了施工过程影响的温度应力仿真分析理论由此应运而生并逐渐得到推广应用。

近年来,在水工结构中,对大坝以及闸墩施工期的温度分析及控制研究较多,而对进水塔这样的结构,由于其形状不规则,在 ANSYS 这样的有限元程序中建模以及规则划分单元比较困难,所以研究不多。因此,本书结合河南省燕山水库进水塔这样的大体积混凝土结构,研究其施工期温度场以及温度应力,找到切实有效的温度控制措施,控制温度裂缝的产生,对解决大体积混凝土结构施工期的温度裂缝问题具有重要的指导意义。

1.2 国内外的研究概况

1.2.1 大体积混凝土温度分析研究现状

混凝土结构温度应力的研究有着悠久的历史,温度应力问题一直是水工结构设计和施工中的关键问题。根据国际坝工委员会(ICOLD)1988 年所作的关于大坝工作状态的调查报告,在遭受灾难性破坏的 243 座混凝土坝中,就有 30 座是由温度问题而引起的。

20 世纪 30 年代中期,美国修建胡佛坝,并对坝体温度状况进行了系统的研究,取得了很多成果,如采取了分缝均为 15m,水泥用量为 223kg/m³,使用低热水泥,浇筑层厚 1.5m,并限制间歇期,以及预埋冷却水管,进行人工冷却等温控措施。1953 年美国陆军工程师团在修订混凝土坝施工规范时首次对混凝土的表面保温提出了明确要求:①温度骤降超过 14℃时,必须对混凝土表面进行保温;②在每年 9 月至次年 4 月的低温季节,当浇筑块顶面和侧面暴露时间超过 30 天时,也需对混凝土表面进行保温。至此,美国混凝土坝温度控制的基本框架大体完成。

苏联从 20 世纪 50 年代开始,在西伯利亚和中亚地区建造了一系列混凝土坝,但温度控制问题没有得到合理解决,所建造的大坝坝内裂缝很多。一直到 70 年代建造托克托古尔重力坝(高 215m)时,采用了所谓"托克托古尔施工法",才算解决了问题。此法的核心是利用自动上升帐棚创造人工气候,冬季保温,夏季遮阳,自始至终在帐棚内浇筑混凝土。苏联为解决混凝土坝的温控防裂问题,前后经历了 20 年。之后,日本、巴西等国对大体积混凝土的温度控制标准、温度控制措施及裂缝问题也做了深入的探讨。

世界上最早把有限元时间过程分析方法引入混凝土坝温度应力分析的是美国加州大学的 Wilson 教授。他在 1968 年为美国陆军工程师团研制出可模拟大体积混凝土结构分期施工温度场的二维有限元程序 DOT-DICE,并用于德沃歇克坝

(Dworshak dam)温度场的计算,Wilson 教授还和他人合作研制了考虑混凝土徐变的应力分析程序。Barret 等提出的基于分解方法的有限元法,可计算上升式碾压混凝土坝建设过程中产热体的热效应,收缩徐变。1985 年美国陆军工程师团的工程师 Tatro 和 Schrader 在美国混凝土学会(ACI)会刊上发表了他们对美国第一座碾压混凝土坝—柳溪坝(Willow Greek dam)的温度场一维有限元分析成果,这被认为是碾压混凝土坝温度场有限元分析的第一份文献。继柳溪坝之后,美国Woodward-Clyde 咨询公司又采用 DOT-DICE 的最新版本对斯特基特奇坝(Stagecouch dam)的温度场进行了二维有限元分析,重点研究了从施工结束到蓄水完毕的两年多时间内温度场的变化,较好地反映了水库蓄水后水温对坝体温度的影响,这是柳溪坝一维有限元模型无法考虑的。1987 年 Vecchio 对钢筋混凝土框架进行温度作用下的非线性分析,并且推导了计算公式,对大体积混凝土的数值模拟计算提供了指导。1988 年 Elgaaly 对混凝土结构中的梁、墙板和楼板的温度梯度进行了实验测试和理论研究,通过对比结果推导出了结构影响参数的计算公式。Rupert Springenschmid 较为系统的阐述了早龄期混凝土中温度场和应力场的问题,且对温度收缩裂缝作了具体说明;1990 年 Enrique Miraambel 结合箱型梁大桥的温度和应力分析模型,对其温度场、应力场进行预测,考虑了环境因素、材料力学性质、结构断面尺寸等因素的影响;1994 年 Mats Emborg 和 Stig Bemanderfi-oM 通过对混凝土早期温度应力和温度裂缝进行多项实验研究,提出了综合考虑了早期混凝土的温度变化、温度传导,以及混凝土配筋等因素的理论计算模型,证明了在计算机有限元计算分析中,对于混凝土结构的温度裂缝,只考虑混凝土结构内部的温度分布是不充分的。1999 年,Cervera 建立了一种适于模拟早期混凝土性态的热学-化学-力学模型,可以模拟混凝土的水化、养护、破坏和徐变过程;2001年 Ronaldol 等分析了大体积混凝土施工阶段弹性模量和徐变随时间、温度的变化规律,且研究了其在有限元方法中的实现,并进行了相关的验证。Shin 和 Hak-Chul 通过试验测试和三维有限元数值计算研究了表面热变化和收缩等因素对混凝土早期特性的影响,并编制了较符合实际工程的仿真计算程序;Pettersson 等对底部完全约束的混凝土墙体进行了有限元的仿真计算,研究了边界条件变化时不同类型混凝土温度裂缝的产生和开展,并指出约束条件对温度裂缝的宽度有很大的影响。基于 Galerkin 公式的二维有限元方法在混凝土坝温度和应力分析方面的应用,Tharioon 和 Noorzaei 在混凝土坝温度和应力分析研究了浇筑温度、基础温度和走廊等参数的影响。

　　日本学者首先用有限元和差分法计算坝体温度场,利用 ADINA 程序计算三维应力场,并预测了宫獭坝在施工期和运行期开裂的可能性。1992 年 2 月在美国加州圣地亚哥市举行的第三次 RCC 会议上,Barrett 等的论文介绍了三维温度应力分析软件 ANACAP,其创造性的把 Bazant 的 Smeared Crack 开裂模型引入到温度应力的分析中,该软件不但能模拟逐层浇筑计算施工期混凝土坝的温度场和应力场,还可以考虑温度、龄期、弹模、徐变、干缩等因素分析坝体蓄水后自重、渗流和温度应力的影响,而且还引进了涂片裂纹模型,用随机有限元描述不同层面的离差特性,用涂片裂纹模型分析评估坝体可能开裂的部位及规模。马勒卡维等使用有限元软件 ANSYS 实现了对碾压混凝土坝的温度分析。Jaafai 开发了一个二维混凝土坝温度分析的有限元软件,其中考虑了水化热、基础温度、浇筑温度、混合配料的温度、太阳辐射、风速等因素的影响,用此模拟坝体浇筑过程中坝体温度场的变化,并用其模拟当时正在施工过程中的坚打混凝土重力坝,与安装在坝体内的热电偶所测量的实际温度进行比较验证,此外,还预测了裂缝随时间的发展趋势,通过裂缝指数来校核开裂大坝的安全性。

在国内,对这个领域的研究起步相对较晚,但是发展较快。在 20 世纪 50 年代,朱伯芳院士首先涉足这个领域,发表了《混凝土坝的温度计算》等著作,标志着我国对大体积混凝土温度及温度应力系统研究的开始。其后潘家铮、朱伯芳等提出了大体积混凝土温度控制设计的整套理论,解决了重力坝和混凝土浇筑温度的应力问题,提出了控制温度、防止裂缝的技术措施;为减少碾压混凝土坝的设计工作量,朱伯芳又提出了以误差控制为特点的"扩网并层算法""分区异步长算法"。中国水利水电科学研究院丁宝瑛教授等提出在温度应力计算中考虑材料参数变化的影响。进入 80 年代以来,中国水利水电科学研究院、清华大学、天津大学、大连理工大学、西安理工大学、河海大学、武汉大学、四川联合大学等,都进行了碾压混凝土坝温度应力的攻关研究,分别对沙溪口溢流坝、岩滩工程围堰、观音阁、铜街子、普定、龙滩、小湾等已建、在建和待建的混凝土坝进行了温度应力计算,取得了一系列成果。

河海大学在 1990~1992 年结合小浪底工程完成了大体积混凝土结构的二维、三维有限元仿真程序系统,该系统具有较丰富的前后处理和图形输出技术;河海大学陈里红、傅作新教授首次在温度应力仿真程序中考虑了混凝土的软化性能;河海大学陈长华运用有限元分析软件研究了温度构造钢筋对混凝土的限裂作用;曹为民、谢先坤、朱岳明提出了双线性过渡单元和层合单元模型用于模拟施工期混凝土分层浇筑后的温度场,简化了某些规模超大复杂的水工结构问题的仿真计算。

清华大学张国新、刘光廷教授通过试验观测和数值计算相结合的方法,研究了碾压混凝土水平接缝初温的三种不同赋值方式及其对最终温度场的影响。在应力开裂仿真计算方面,清华大学刘光廷教授、麦家煊教授等提出将断裂力学应用到混凝土表面温度裂缝问题的研究中,利用断裂力学原理和判据来分析在温度变化条件下混凝土表面裂缝性能和断裂稳定问题;清华大学曾昭扬教授等系统地研究了碾压混凝土拱坝中的诱导缝等效强度、设置位置、开裂可靠度问题;清华大学马杰编制了大体积混凝土温度和应力的边界元法程序,计算了东风拱坝施工期混凝土温度场;李守义、杨婷婷提出了基于遗传算法对混凝土坝进行温度场反分析,反演得到混凝土热学参数并与试验做了对比。

　　天津大学崔亚强结合实际工程研究了大体积混凝土温度场机理,采用数值分析方法求得了一维至多维温度场的有限差分方程,并开发了交互式大体积混凝土温度场模拟分析及裂缝控制的软件系统;天津大学赵代深等对铜街子碾压混凝土坝和五强溪等工程做了全过程温度场和应力场仿真计算研究,提出增量的全过程仿真动态模拟方法;天津勘测设计研究院王小青对泰国某水间闸墩浇筑过程进行模拟计算,证实了在采取一定温控措施的前提下,可对闸墩进行一次性浇筑,以缩短工期,取得较好的工程效益;

　　浙江大学严淑敏提出混凝土基础底板下设钢板来控制底板裂缝方法;杨秋玲应用 Super SAP 有限元分析软件模拟混凝土的温度场,根据温度分布规律提出大体积混凝土温度控制措施;秦煜研究了如何确定混凝土的浇筑温度及温度徐变应力;赵雯研究了混凝土裂缝与原材料、配合比、施工工艺等方面的关系。四川联合大学李国润教授研究了不同浇筑速度对温度应力的影响以及用现场测定的基岩各向异性热学参数分析混凝土基础温度徐变应力。大连理工大学的黄达海教授等提出方针分析的"波函数法"。近年来,随着热传导理论的发展与解题方法的不断成熟,对大体积混凝土结构裂缝成因的认识又有了进一步的提高。福州大学陈德威开发了三维有限元温度程序包,可计算一般大体积混凝土施工及运行期的非稳定温度场和应力场;西安理工大学李九红运用三维有限元浮动网格法对水电站间墩施工期的温度场和应力场进行仿真分析,考虑了混凝土各物理力学参数随龄期变化对墩体温度应力的影响;水利部淮河水利委员会曹为民运用非稳定温度场和徐变应力场计算程序对裂缝产生的原因进行了探讨。

　　近年来,基于 ANSYS 混凝土坝温度和应力分析方面的应用,徐福卫、陈海玉等用 ANSYS 对三峡大坝压力管道建立了有限元分析模型,对运行期的温度场和温度应力进行了研究。杨萍、朱伯芳等利用 ANSYS 强大的前后处理功能,对混凝土拱规温控措施仿真进行敏感性分析,考虑了水管冷却方式和水管布置方式对某拱现现体温度场分布的影响。李立峰、谢攀结合温度徐变应力程序设计思路,通过 APDL 语言编制了温度弹性应力计算模块、应力松弛效应计算模块以及专用的后处理模块,有效地解决利用 ANSYS 进行混凝土温度徐变应力仿真分析的关键性问题。

　　在材料方面,中热水泥和低热水泥在大体积特别是水库大坝中获得较广泛的应用,不仅水泥热量有了较大的降低,而且其物理力学性质也有了进一步的改善。其次是优质粉煤灰越来越多地被利用。由于粉煤灰的水化热量小,水化热升温低,且升温比水泥缓慢,因此掺入粉煤灰后的混凝土的最高温度得到明显降低。再次是高效外加剂的开发与利用,也可以从一定程度上降低水化热,减少或避免混凝土裂缝产生。另一方面是关于材料性能方面的研究,包括力学、热学、变形诸多方面。对于各类水泥、沙石原材料的影响,各类外加剂或其他外加料掺入后的性能都进行了深入研究,为有效地进行混凝土温控防裂及其研究提供了大量宝贵的基础资料。

　　由此可见,长期以来,各国的工程技术及科研人员结合实际工程进行了大量的研究工作,对大体积混凝土的温度分析和裂缝控制提出了许多较为成熟的理论和工程措施,对控制大体积混凝土的施工期和运行期的温度应力和裂缝形成起到了重要的作用。

　　但是目前对于进水塔结构施工期及运行期温度变化引起的温度应力及裂缝控制问题的研究还比较少,并且不能完全应用大体积混凝土结构温度分析的理论,其研究主要着重于运行期间在水压力、地震力、风压力、浪压力等作用下的稳定和强度。

1.2.2　结构三维 CAD/CAPP/CFD 技术研究现状

　　20 世纪 60 年代初,美国麻省理工学院林肯实验室的 Sutherland 博士在发表的名为《Sketchpad:一个人机通讯的图形系统》的博士论文中,首先提出了计算机图形学、交互技术、分层存储符号的数据结构等新思想,从而为计算机辅助设计(computer aided design,CAD)技术的发展和应用打下了理论基础。在 CAD 软件发展初期,CAD 的含义仅仅是 Computer Aided Drawing(or Drafting)而非现在我们经常讨论的 CAD 所包含的全部内容。到 70 年代末期,CAD 技术开始由以二维绘图的算法为主要目标转向实用化、多元化。CAD 三维建模技术是随着建模技术的需要在二维建模技术的基础上衍生出来的产品,是在二维制图的基础上完成的。通过二维建模及技术事先完成某施工部位的平面图或剖面图,通过拉伸命令来形成其主要框架,再按某些特定部位的体型要求,通过布尔运算来达到设计者想要完成的特殊形状和想要达到的目的。CAD 三维模型不但可以准确显示结构物的体型变化规律,多方位的观察结构物的各部位形状,计算结构物的体积、质量,而且还可以计算结构物的质心、惯性矩、惯性积以及回转半径等;以此为基础可以进一步进行结构物的应力应变分析、构件质量属性分析、运动分析、装配干涉分析等,为建筑结构的设计、构件吊装等领域提供更有力的技术指导和理论支持。

　　在 CAD 的发展过程中,经历了以下阶段。

　　工程绘图阶段:传统的工程绘图阶段,该阶段利用计算机绘制二维的工程图,替代原有的三角板、丁字尺和绘图笔。由于计算机的巨大存储能力和极高的计算速度,提供了前所未有的能力对已有的设计图进行修改、拷贝、绘制和保存。因此,对于系列产品的设计与生产,CAD 的二维绘图技术大大提高了设计效率,加速了产品的更新换代,创造出明显的经济效益。然而由于设计和生产部门之间依然用纸介质的工程图进行信息交换,原有的图样审批和资料管理体系维持不变,又由于图样和磁盘两套资料并存,新的管理矛盾开始出现。

装配设计阶段:二维线框造型技术出现后,利用 CAD 技术可以建立三维模型,在计算机上把各个零件装配在一起,验证设计的正确性,从而减少实物模型试验。CAD 装配不仅可以缩短新产品的研制周期,而且节省装配的费用。三维模型还可以提供数控编程的基础,大大提高 NC 编程效率,但是如何保证数控加工的零件确实是原设计的零件,便是管理中必须要解决的矛盾。

造型设计阶段:在三维线框造型的基础上可以进行一般的三维模型设计,但真正能设计复杂零件还是在三维曲面造型技术出现以后,利用 CAD 技术,在计算机上设计和着色,可以显示各种复杂形状的零件和产品,为设计者和用户提供了具有真实感的图像,进一步提高了产品的设计质量和满足用户的需求。由于在实际的设计过程中要不断进行修改,为了方便起见,计算机的图形文件逐渐代替了工程图,不同的设计院之间的协调也通过计算机进行,大量的产品数据存放在计算机内。因此,CAD 技术使原有的管理体制无法适应新技术的要求。为了能让设计人员查到正确的设计结果,管理人员必须把计算机上的各种不同版本的设计结果分门别类的保管起来;技术和质量管理部门则要求对最终的设计结果进行管理和控制;而生产指挥部门则要求随时掌握设计工作的进度和了解对生产准备工作的要求等,所有这些新的矛盾开始制约 CAD 技术发挥出应有的效益。

设计优化阶段:为了进一步提高设计水平,CAD 进入了二维实体造型的新阶段。利用 CAD 的实体造型,对零件进行各种有限元分析,计算应力、应变、震动模态及温度场等参数;对运动部件进行机构模拟,分析计算运动范围、速度、加速度;对装配体进行干涉碰撞检验;对零件或装配体进行物性分析,计算质心位置、重量、表面积、转动惯量、主轴方向等参数等。通过上述分析,为科学的改进原有的设计提供可靠的依据,设计优化不仅降低了产品成本,而且大大提高了产品质量,具有客观的经济效益。

工程设计阶段:在传统的产品设计中,设计人员从二维视图出发,进行三维模型的设计。一个产品,从总装配设计图开始设计,然后逐个设计零件,在设计过程中,设一计人员广泛采用了各种绘图标准和约定,规定了零件的各种各样的特征,例如孔、槽、台、角、倒角等。CAD 技术出现以后,设计人员不再是从总装配图出发,而是先设计单个的零件,然后再装配成最终的产品。因此设计人员经常要对零件的各种特征参数进行修改,以满足装配的需要。参数化设计手段为用户提供了特征造型的能力,使 CAD 设计手段更加符合工程设计人员的习惯,使设计人员在设计过程中,更加接近工程实际,这样的工程设计大大提高了设计效益。

我国 CAD 技术的研究开发和应用起步于 20 世纪 60 年代末,经过近 40 年的研究、开发与推广应用,CAD 技术已经广泛应用于机械制造、航空航天等各个领域。但是目前国内 CAD 系统的开发和应用还停留在相对较低的水平上,关键的

CAD核心技术还掌握在西方发达国家手中。国内企业对二维CAD软件的功能和作用已经有了充分的认识，二维CAD软件已经成为设计师进行设计的一种主要工具，一些条件较好的企业认识到资源共享的重要性，已从原来单机使用CAD软件转化为基于网络的团队协作共享。目前国内有自主版权的CAD软件主要有高华CAD、电子图板CAXA等，它们主要面向国内市场，提供操作简便的二维工程图设计平台。然而国内企业的二维CAD应用大多停留在低层次的绘图而不是设计工作上。

目前，国内CAD技术的研究存在以下几个问题：首先，国内CAD软件占领的市场主要是二维绘图软件，自主开发的商品化三维CAD，系统还未成熟，其功能、稳定性与国外同类产品相比还有差距，在应用层次上缺乏创新。其次，CAD软件开发者缺乏对模型的建立的理论和算法的研究，虽然有这方面的研究论文发表，但在系统性和实用性方面还有很大差距。此外，对于产品数据管理（PDM）的研究过于局限，对以PDM为基础实现CAD/CAPP/CAM和ERP等有机集成方面的研究还不够深入。CAD/CAM技术的深化应用和企业信息化需要较大的投资，同时需要企业在管理模式、业务流程等方面进行深入的变革。

随着计算机技术的飞速发展和工业等领域对CAD社会需求的提高，未来的CAD技术需要研究和解决的重点问题在于造型技术和产品数据共享等方面。

造型技术。实现与历史无关的造型方法，即产品模型的形状不再依赖于特征创建的先后顺序，这使得三维CAD系统更易于操作使用；全面地支持概念设计和详细设计，几何造型系统能够创建任意几何形状的形体；能够更好地表达产品的完整技术和生产管理信息，支持产品全生命周期的特征造型系统，使产品的设计工作在更高层次进行，为开发新一代的基于统一产品信息模型的CIMS集成系统奠定基础；具有线段、曲面、实体混合建模的综合能力和三维尺寸标注功能；支持基于三维像素的造型功能和解决大型复杂产品的装配问题。

产品数据共享。解决在一些主要CAD系统中用户能够打开来自其他CAD系统中的模型，在不同的CAD系统中图形数据共享与交换问题，使彼此互通，达到共享的目的，并且尽可能地避免在交互过程中可能出现的图形失真、特征和约束信息丢失问题。将通过国际标准化组织制定"产品模型数据交换标准STEP"，借助三维CAD图形文件标准来解决上述问题。

CAPP的研究始于20世纪60年代后期，第一个CAPP系统是挪威1969年推出的AUTOPROS系统，它是根据成组技术原理，利用零件的相似性去检索和修改标准工艺来制定相应的零件规程，1973年正式推出商品化AUTOPROS系统。美国是60年代末70年代初开始研究CAPP的，并于1976年由CAM-I公司推出颇具影响力的CAM-I's Automated Process Planning系统，成为CAPP发展史的里程碑。在国外，一方面，CAPP单项技术研究仍然保持对自动化和智能化的追求,使 CAPP 与 CAM 联系更加紧密,进而与 CAM 融合,成为 CAM 的一部分。另一方面,CAPP 技术的研究已经从面向零件的 CAPP 研究发展到面向产品、面向企业的工程规划研究。

在国内,1999 年至今,CAPP 系统直接由二维或三维 CAD 设计模型获取工艺输入信息,基于知识库和数据库,关键环节采用交互式设计方式并提供参考工艺方案的 CAPP 工具系统得到了广泛的研究。此类系统在保持解决事务性、管理性工作优点的同时,在更高的层次上致力于加强 CAPP 系统的智能化工具能力,将 CAPP 技术视为企业信息化集成软件中的一环,为 CAD/CAE/CAPP/CAM/PDM 集成提供全面基础。自科技部"CAD 应用工程"实施以来,我国在 CAD 产业化方面取得了突破性进展,重点产品关键零部件都采用三维建模。例如,中国东方集团、成都飞机制造公司等应用了 Pro/Engineer、CATIA、UG 等三维软件进行产品设计,江铃汽车、东风汽车股份有限公司也采用了 Pro/Engineer、UG 等三维软件作为主要设计软件。据国家 CAD 应用办公室对全国 237 家 CAD 应用工程示范企业做了调查后发现,CAD 技术应用发展的趋势之一,已从二维绘图逐渐向三维设计过渡,我国在"十五"863 计划中,把三维 CAD 软件的开发和应用也作为了重中之重的一项课题。为了让 CAPP 能够跟上三维 CAD 的发展,进一步地发挥 CAPP 在整个生产活动中的信息中枢和功能调节作用,推动中国企业信息化建设的步伐,科技部在/十一五 0863 现代集成制造系统技术主题中,将"基于三维 CAD 的 CAPP"专门立项研究和推广。可以预见,随着国内三维 CAD 的发展和成熟,三维 CAD 技术正在成为企业产品创新设计和数字化设计制造的基础平台,从而为 CAPP 的应用提出了新的课题——基于三维 CAD 的 CAPP。从目前资料来看,基于三维 CAD 的 CAPP 研究才刚刚起步,国内外在这方面取得明显成果的尚不多见,但国内目前已有不少单位在这方面开展研究,例如,基于三维 CAD 的加工工艺设计系统;基于三维 CAD 的可视化装配工艺设计系统;基于 PDM 平台的三维 CAD 的工艺设计系统等。

自 20 世纪 60 年代以来 CFD(computational fluid dynamics)技术得到飞速发展,其原动力是不断增长的工业需求,而航空航天工业自始至终是最强大的推动力。传统飞行器设计方法试验昂贵、费时,所获信息有限,迫使人们需要用先进的计算机仿真手段指导设计,大量减少原型机试验,缩短研发周期,节约研究经费。四十年来,CFD 在湍流模型、网格技术、数值算法、可视化、并行计算等方面取得飞速发展,并给工业界带来了革命性的变化。如在汽车工业中,CFD 和其他计算机辅助工程(CAE)工具一起,使原来新车研发需要上百辆样车减少为目前的十几辆车;国外飞机厂商用 CFD 取代大量实物试验,如美国战斗机 YF-23 采用 CFD 进行气动设计后比前一代 YF-17 减少了 60% 的风洞试验量。目前在航空、航天、汽车等工业领域,利用 CFD 进行的反复设计、分析、优化已成为标准的手段和必经步骤。

　　CFD 的发展及应用与计算机技术的发展直接相关。CFD 发展的一个基本条件是高速、大容量的电子计算机。今天,计算机技术的迅速发展,已经使得采用 CFD 方法研究一些实际工程问题成为可能。例如,通过求解三维 Reynolds 平均的 Navier-Stokes 方程进行部件与系统的流体力学分析和设计正成为航空航天和其他工业领域的新的研究手段。最近,计算流体的商业 CFD 软件不断涌现,极大地促进了 CFD 在工业领域的应用。

　　在世界流体力学中占据主导地位 Phoenics 软件是英国 CHAM 公司开发的模拟传热、流动、化学反应、燃烧过程的通用 CFD 软件,已经有 30 多年的历史,是世界上第一套计算流体力学与计算传热学商用软件,其名字由 Parabolic Hyperbolic Or Elliptic Numerical Integration Code Series 几个字母的缩写而来。然而,Phoenics 软件的用户界面十分陈旧,不太友好,对 CFD 的前后处理也不能满足一些专业领域的要求,且在建模方面也不占优势。

　　CFD 的发展主要是围绕流体力学计算方法或称计算格式这条主线不断进步。

　　目前,CFD 的研究以美国最为出色,在美国航空航天领域,CFD 约占工作量的 50%,根据波音公司预测,在未来气动设计中,从最佳费效比出发,CFD 约占气动工作量的 70%,而风洞实验的工作量将只占 30%。例如,美国著名的 NASP 计划中的气动工作 70% 是由 CFD 提供的。西方其他航空航天大国的 CFD 形势同美国相似,前几年德国和俄罗斯联合研制了 D-2 高超音速带翼飞行器,其第一目的是验证研究高超声速流场数值技术与实验技术的有效性。法国在飞行器研制中 CFD 所占的比例很大,如研制阵风式战斗机时,CFD 与风洞实验的比例达到了 1∶1,在研制其"使神号"航天飞机的初期阶段,CFD 占气动总研制工作量的比率高达 70%。同时,网格计算的兴起为 CFD 提供了一种崭新的解决方式,目前国际上有许多 CFD 网格项目正在进行。其中具有代表性的是美国 NASA 的 Information Power Grid 中的 CFD 网格子项目;英国 e-Science 项目中剑桥大学的 CFD 网格计算系统;南安普敦大学的 CFD 数据网格可视化系统;韩国的 N＊Grid 中的 CFD 应用网格。

　　国内在 CFD 网格研究上也做了不少工作,例如我们在前几年开发的飞行器遗传优化算法网格系统;华南理工大学的金属粉末成型过程及工艺优化的网格计算系统。重庆大学雷跃明副教授组织团队开发的 CFD 处理软件 PrePost,能很好的对目标模型进行 CFD 的前后处理,是我国在专业处理 CFD 问题软件领域中的佼佼者。

1.2.3　大体积混凝土结构防裂研究现状

　　裂缝是混凝土结构工程中最常见的一种缺陷,具有一定的普遍性,裂缝问题一直为工程界所关注。混凝土开裂是许多因素综合作用的结果,包括结构、材料、施工、温控措施及气候条件等,准确分析和评价混凝土的开裂趋势,是采取有效措施减少或避免开裂的前提。在混凝土重要基础设施建设过程中,对混凝土的抗裂性能进行评价并作为设计、施工与原材料选用的依据,以有效地保证结构物在不同服役环境中满足规定的使用寿命要求,已成为当今许多国家混凝土研究领域的热点。

根据国内外调查资料表明,工程结构中裂缝的 20% 来源于荷载,而另外约 80% 是由温度变形、干缩变形及结构不均匀沉降引起的,而其中又以温度变形为主。大体积混凝土温度裂缝属于早期无荷载变形裂缝,这些裂缝的产生是由于混凝土在浇筑施工过程中,水泥水化热作用使其结构内部热量增加,温度迅速上升从而引起自身体积膨胀,而在混凝土降温阶段又会产生收缩变形。当混凝土结构的外部和内部变形受到约束作用时,会出现很大的温度应力。温度应力一旦超过混凝土同龄期的抗拉强度,混凝土表面就会开裂。此外又由于混凝土在硬化过程中,内部水分不断散失使体积进一步收缩,混凝土这种失水收缩与降温产生的冷缩作用相互叠加,收缩应力与温度应力共同作用,造成混凝土表面拉应力继续增大,加剧了混凝土中裂缝的产生。如果此时不加以保护还可能发展到贯穿裂缝的严重后果。贯穿裂缝对结构的稳定性及整体性可能有破坏作用,危害比较严重。

从 20 世纪 40 年代起,美国垦务局、苏联水工研究院、日本京都大学等许多国家的机构对大体积混凝土结构的温度控制设计、裂缝防治的施工措施都作了深入的研究。近年来针对混凝土早期裂缝问题,瑞典律勒欧理工大学的 Bernander 对混凝土结构水化热所引起的早期温度应力和温度裂缝进行了很多相关的混凝土力学性质试验研究并将裂缝分为膨胀裂缝和收缩裂缝两类。加拿大的 Daniel 等根据 ACI(美国混凝土协会)规范中的公式,对混凝土早期的抗拉强度、应力松弛、收缩徐变进行了分析,研究了混凝土上述特性随时间、温度的变化规律,同时还利用叠加和积分原理计算了桥梁护栏混凝土的外部约束应力以及总拉应力与时间的关系。他根据计算结果对早期混凝土是否开裂给予估计。日本的 Hideaki 等通过考虑混凝土材料、环境的变化,提出了基于应力-抗力模型的计算温度开裂可能性的方法。

对于混凝土开裂的理论研究,早在 19 世纪各国科学家就从结构材料强度理论角度出发,探索混凝土开裂的基本原理,随着实验技术、科学计算水平的提高,裂缝控制研究逐步发展。混凝土的强度理论大致可分为唯象理论、统计理论、构造理论、分子理论等。最早提出的唯象理论是建立在简单的基本试验基础上的,归纳分析大量试验数据,提出均质、弹性、连续的基本假定,建立计算模型,推导出材料强度的各种计算公式,形成一些强度理论。后期又引进了塑性理论,在设计中考虑了混凝土和钢筋混凝土的弹、塑性质,发展了极限状态的强度理论,唯象理论解决了大量的工程实际问题。

唯象理论忽略了混凝土内部的构造组成，如混凝土内部的孔隙、内部裂缝等不连续现象，以及固、气、液三相的相互作用等；随着对材料微观结构的认识发展提出了统计强度理论，材料虽然当作连续的固体，但混凝土内部存在的缺陷、裂纹等的分布服从统计规律，其计算结果更接近实际；构造理论进一步考虑了材料的内部构造；分子强度理论是运用物理力学方法研究分子间作用力，进而求出材料的宏观强度，该理论的研究还远未成熟。

热力学计算理论应用于混凝土内部由于水化热引起的温度变化的计算中，根据已知的边界条件求解热传导方程，即可得到混凝土的温度场，进而建立合适的计算模型，求解结构的温度应力，判断是否需要采取温控措施。对于边界条件比较简单的情况，可采用理论解法计算混凝土结构温度场和温度应力，而对于边界条件比较复杂的情况，则大多采用差分法及有限单元法，这些方法可以比较精确的计算出温度场和温度应力。实际上，无论采用何种计算方法，他们都是建立在不同程度的假定基础上的，不可能完整客观地反映大体积混凝土裂缝的规律，研究的重点应放在裂缝控制方面，即在工程实践中如何采取有效措施防止混凝土开裂。

在用计算机仿真混凝土裂缝开展方面，国内外学者做了许多研究工作，提出了许多数值计算工具和方法，如流形元法、边界元法、有限元法、分形几何法以及近年发展起来的无网格法、自适应有限元法等。

在上述的几种方法中流形元法、分形几何法及无网格法的理论基础尚不够完善，有待于进一步研究。边界元法只需在模型边界及裂缝处布置单元节点，虽然避免了有限单元法繁琐的网格重划分，但在多裂缝复杂应力问题及多相介质问题方面遇到了很大的困难。杨庆生采用自适应有限元法，通过节点应力释放来生成新的无应力自由裂缝，该方法实现了随着裂缝的不断开展，网格动态加密的技术；然而，自适应有限元法占用计算机资源很大，计算代价很高。

综合上述数值计算方法的优缺点，目前在混凝土断裂过程的数值模拟中，最常用的方法还是有限元法。有限元法自20世纪60年代起就开始被用于对混凝土裂缝开展的模拟。有限元法由于其强大的计算和分析能力已得到学术界的广泛推广，基于有限元法，国内外不断提出了各种各样的裂缝扩展模拟方法，如细观断裂力学中的随机骨料模型，该模型以Bazant等提出的随机粒子模型为基础，根据一定的概率分布随机地在试件内生成骨料，然后根据骨料位置、骨料粒径等的不同来划分有限元网格，进行计算。该方法中各相材料的力学特性取值需结合试验给定，且在处理复杂裂缝问题时还有待于进一步的研究，此外还有刚度特性退化和刚度重建的方法；姜斌等对钢筋混凝土构件的试验过程进行了数值模拟；朱万成等采用该方法来处理开裂单元，从细观方面入手建立模型，结合数值计算，同时考虑了混凝土材料的非均匀性来研究混凝土非线性行为，对混凝土裂缝的扩展过程进行了很好地模拟；李亚柏在有限元模型中加入了裂缝体单元来模拟裂缝，通过裂缝体单元的协调聚缩,实现了裂缝扩展过程的自动追踪分析。孟振虎等采用弹塑性增量理论,通过节点位移并结合松弛方法,利用裂纹扩展有限元法模拟了核工业管道。另外,国外的 F. H. Wittman 等做了复合材料(包括混凝土)断裂的数值模拟研究。吴智敏、董伟等提出了混凝土Ⅰ型裂缝扩展准则,根据该准则,用有限元法作了混凝土裂缝扩展数值模拟。同时进一步提出适用于Ⅰ-Ⅱ复合型裂缝扩展准则,借助于 ANSYS 软件,对混凝土Ⅰ-Ⅱ复合型断裂全过程进行了数值模拟。

对于裂缝的处理,由于工程结构裂缝问题十分复杂,全面分析总结处理裂缝的经验,可概括出"抗"与"放"的自然辩证法原则。在许多情况下,适合采取"抗放兼施"的方法,使结构既不产生很大的应力,又不产生很大的变形,确保承载力的极限状态,又满足使用极限状态。

裂缝控制中的"抗"主要体现在增加结构物的配筋。配筋除满足承载力及构造要求外,还应增配水化热引起温度应力及控制温度裂缝开展的钢筋;限制最小配筋率,控制裂缝的构造配筋一般为 0.2%～0.5%,截面较薄时配筋率取偏上限,截面较厚时配筋率取偏下限;合理布置分布钢筋,尽量采用小直径"较密间距"。在钢筋混凝土研究中关于配筋对混凝土抗拉强度及极限拉伸值的影响一直是个有争论的问题:一种观念认为配筋可以提高混凝土的极限拉伸,从而提高混凝土的抗裂性能;另一种观点认为配筋对混凝土的极限拉伸没有影响。目前还很难定量的判断配筋是否能够提高混凝土极限拉伸值。"混凝土材料结构是非均质的,适当的配筋可以起到约束混凝土塑性变形的作用,分担混凝土的部分内应力",虽然在混凝土发生收缩时,由于钢筋不收缩,两者之间会产生变位,钢筋和混凝土之间的粘结力会引起自约束应力,但是大体积混凝土的配筋率一般都比较低,因此其内部的自约束力是比较小的,可以忽略"钢筋混凝土中的钢筋能够起到控制混凝土裂缝的扩展力、减少裂缝宽度的作用"。

综上所述,目前对于进水塔这种复杂的大体积混凝土结构的研究主要存在以下问题:

(1)复杂的结构在有限元分析软件中建模困难,尤其是考虑施工和蓄水过程时,处理起来更加困难,而目前比较成熟的三维建模技术和软件在水利工程中的应用比较少见。

(2)计算精度和计算规模问题。大体积混凝土往往尺寸较大(如 300m 级的高拱坝),混凝土采取分层或分块浇筑(如碾压混凝土坝层厚一般为 0.3m),为了保证必要的计算精度,必须采取比较密集的计算网格。每层混凝土施工的时间不同,浇筑温度不同,材料参数各异。在仿真分析过程中,需模拟大体积混凝土施工期连续浇筑过程,按小时或天来计算,步长往往超过上千。在目前计算机硬件水平下,要达到对大体积混凝土比较精细的模拟仍存在一定困难。

(3)混凝土材料参数的准确性问题。混凝土材料的众多参数,包括混凝土的绝热温升、导温导热系数、表面放热系数、弹性模量、抗压和抗拉强度、极限拉伸值、徐变度和自生体积变形等,且很多参数与混凝土的龄期和温度密切相关。而获得这些参数主要依靠工程类比和室内试验,但实际中参数的获取较难。参数的正确性直接影响计算结果的正确性。

(4)施工参数和环境参数的准确性问题。大体积混凝土温度应力仿真计算依赖环境参数和施工参数。环境参数包括施工期和运行期的气温、水温、地温、日照、风速等;施工参数主要包括混凝土的浇筑温度、浇筑厚度、浇筑时间、间歇养护时间、水管冷却水等。这些参数的描述仍不尽人意,有的还缺乏合适的模型。

鉴于此,本书针对进水塔结构的温度及温度应力分析的问题进行了相关的研究。

1.3 主要研究内容

本书结合河南省燕山水库进水塔结构,应用三维机械设计软件 SolidWorks 对其进行三维实体建模,并建立其与有限元分析软件 ANSYS 的接口文件,将三维模型导入 ANSYS 中进行网格剖分及数值分析,得出进水塔结构施工期及模拟蓄水期温度场分布以及温度应力大小,判断什么位置可能因温度应力过大导致产生温度裂缝,同时通过分析现场实测资料对现行温控防裂措施的效果进行评估,提出温控和防裂方面的改进措施。具体主要有以下几个方面的工作:

(1)分析大体积混凝土温度应力的产生原理和其裂缝的产生机理,介绍了燕山水库进水塔施工中采用的温控防裂措施,研究大体积混凝土产生裂缝的危害、常用的温控防裂措施及裂缝修补技术。

(2)利用 RT-1 温度计,对进水塔底板进行了施工期温度实时监测,并将实测结果与 ANSYS 仿真分析结果进行对比,验证进行 ANSYS 有限元分析的准确性。

(3)以燕山水库进水塔结构为例,应用三维机械软件 SolidWorks 对其进行三维实体建模,然后把实体模型导入有限元软件 ANSYS 中进行其施工期及模拟蓄水期温度场和温度应力仿真分析。

(4)通过进水塔结构 ANSYS 仿真分析,得出其温度场和温度应力变化规律,并结合现场实测资料对其施工期的温控措施进行评估,为下一步蓄水期进水塔的温控防裂提供理论指导。

参 考 文 献

毕硕本,张国建,侯荣涛,等. 2010. 三维建模技术及实现方法对比研究[J]. 武汉理工大学学报,16:26-30,83.

蔡正咏. 1987. 混凝土性能[M]. 北京:中国建筑工业出版社:2-4.

陈国华. 2013. 浅谈水利施工中混凝土裂缝产生的分类、原因及处理方式[J]. 科技创新与应用,18:174.

陈国荣,许文涛,杨昀,等. 2012. 含冷却水管大体积混凝土温度场计算的一种新方法[J]. 计算物理,03:411-416.

陈晶琦. 2013. 大体积混凝土裂缝产生的原因及预防措施[J]. 中国新技术新产品,20:134.

陈里红,傅作新. 1996. 龙滩碾压混凝土重力坝的温控标准研究[J]. 红水河,(1):19-23.

陈伟. 2006. 大体积混凝土施工中控制裂缝的探讨[J]. 广东建材,(2),23-24.

陈仲先,金初阳. 1999. 厦门海沧大桥东锚碇温控监测与温控效果[J]. 桥梁建设,(2):58-60.

代占平,陈炎桂,曹银真. 2013. 高温地区大体积混凝土的配合比设计及温控指标探讨[J]. 中国水运(下半月),13(9):326-328,330.

邓光华. 2013. 大体积混凝土温度控制与裂缝预防措施[J]. 经营管理者,22:374.

邓旭. 2013. 大体积混凝土温度场一维差分算法探讨[J]. 河南科技,8:157-158.

丁宝瑛,王国秉,谢良安,等. 1982. 混凝土坝分缝浇筑对温度应力的影响. 水利水电科学研究院科学论文集第9集. 北京:水利电力出版社.

丁宝瑛,王国秉,黄淑萍,等. 1994. 国内混凝土坝裂缝成因综述与防止措施[J]. 水利水电技术,(4):12-18.

丁建兴. 2013. 浅谈大体积混凝土浇筑温度裂缝产生原因和控制方法[J]. 发展,9:123.

丰文意. 2013. 水工建筑裂缝原因及处理研究[J]. 建筑安全,5:26-29.

付翔,刘尚蔚,魏群,等. 2013. 混凝土坝体结构裂缝三维建模及虚拟现实应用[J]. 华北水利水电学院学报,02:39-42.

高会晓,宁喜亮,丁一宁. 2013. 核电站大体积混凝土早龄期裂缝的影响因素[J]. 建筑技术,44(5):394-398.

耿维恕,顾维忠,韩素芳. 1996. 混凝土及预制构件质量控制[M]. 北京:中国建筑工业出版社.

宫经伟. 2013. 水工准大体积混凝土分布式光纤温度监测与智能反馈研究[D]. 武汉:武汉大学博士学位论文.

龚召熊. 1999. 水工混凝土的温控与防裂[M]. 北京:中国水利水电出版社:3-5.

关云航,余意. 2013. 大体积混凝土降温过程中的一些典型问题[J]. 水电与新能源,5:39-41.

韩素芳,耿维恕. 2005. 钢筋混凝土结构裂缝控制指南[M]. 北京:化学工业出版社.

何守国,熊永红. 2013. 大体积混凝土裂缝控制的要点[J]. 商品混凝土,4:84-87.

胡炜. 2013. 大体积混凝土预埋冷却水管降温施工技术[J]. 铁道建筑技术,6:24-27.

花力. 2013. 基于温度裂缝控制的特大超厚混凝土施工[J]. 建筑施工,6:469-471.

黄达海,殷福新,宋玉普. 2000. 碾压混凝土坝温度场仿真分析的波函数法[J]. 大连理工大学学报,(3):216-217.

黄达海,殷福新,赵国藩. 2000. 碾压混凝土坝温度应力仿真分析的进展[J]. 土木工程学报,(8):91-100.

黄俊炫,张磊,叶艺. 2012. 基于CATIA的大型桥梁三维建模方法[C]//中国土木工程学会计算机应用分会、中国图学学会土木工程图学分会、中国建筑学会建筑结构分会计算机应用专业委员会. 计算机技术在工程设计中的应用——第十六届全国工程设计计算机应用学术会议论文集:6.

江昔平,刘洋,刘阳,等. 2013. 埋设铝塑管的大体积混凝土裂缝控制机理与力学性能研究[J]. 建筑结构,43(13):67-70,94.

姜维琦. 2013. 浅谈大体积混凝土施工措施[J]. 化工管理,18:51.

姜袁,黄达海. 2000. 混凝土坝施工过程仿真分析若干问题探讨[J]. 武汉水利电力大学学报,(6):64-68.

蒋卓良,李洁. 2013. 大体积混凝土温度裂缝分析及应对措施[J]. 中国水运(下半月),13(5):263-265.

康照刚. 2013. 大体积混凝土配合比设计及温度控制计算[J]. 广东建材,9:95-97.

况冰. 2013. 浅议水工混凝土裂缝的预防与处理[J]. 中国水能及电气化,11:20-22.

雷可夫 A B. 1955. 热传导理论[M]. 裴烈钧等译. 北京:高等教育出版社.

李爱学. 2013. 大体积混凝土施工质量控制要点[J]. 商品混凝土,9:90-91.

李吉庆. 2013. 大体积混凝土裂缝的控制探析[J]. 工程科技,9:43.

李建. 2013. 于曹闸闸底板、闸墩大体积混凝土温控与防裂措施[J]. 河南水利与南水北调,14:39-40.

李克江. 2009. 大体积混凝土温度裂缝分析与工程应用[D]. 天津:天津大学硕士学位论文.

李士民. 2012. 混凝土温度效应下的损伤塑性耦合数值模拟与应用研究[D]. 沈阳:沈阳工业大学硕士学位论文.

李文成. 2013. 大体积混凝土施工降温保湿措施运用[J]. 发展,9:118.

李秀才. 2003. 大体积混凝土开裂机理与仿真研究[D]. 武汉:武汉理工大学硕士学位论文.

李洋,陈霞,王述银. 2012. 现代水工大体积混凝土材料研究进展[J]. 人民长江,09:64-68.

李增义,李爱英. 2013. 大体积混凝土温度监测与裂缝控制技术. 交通世界,17:267-268.

李志м,刘树发. 2005. 浅谈大体积混凝土底板施工的质量控制[J]. 广东建筑,(3),47-48.

连惠坦. 2013. 基于温度应力效应下大体积混凝土裂缝防控策略探析[J]. 江苏建材,5:27-29.

梁娟. 2009. 溢洪道闸室温度场及温度应力研究[D]. 西安:西安理工大学硕士学位论文.

梁太京. 2013. 高温环境下真纳水电站大体积混凝土温控[J]. 红水河,32(4):27-31.

林文强,2005. 连续箱梁混凝土结构裂缝的施工控制[J]. 水运工程,(7),37-38.

刘戈,李清洋,陆清彦,等. 2006. 大体积混凝土施工质量控制[J]. 煤炭工程,(2),29-30.

刘光廷,麦家暄,张国新. 1997. 溪柄碾压混凝土薄拱坝的研究[J]. 水力发电学报,(2):19-28.

刘军辉,任先松,蔡利兵,等. 2013. 高温条件下大体积混凝土施工技术[J]. 混凝土,9:144-146,150.

刘平. 2013. 大体积混凝土施工钢管架冷却水循环降温技术分析[J]. 中外建筑,10:151-153.

刘晓云. 2013. 大体积混凝土施工温控分析及温控措施[J]. 四川水利,5:16-19.

刘志勇. 2008. 大体积混凝土水闸墙温度场有限元分析[J]. 徐州工程学院学报(自然科学版),23(4):7-10,14.

刘忠友. 2013. 超缓凝砂浆在船闸大体积混凝土中的应用[J]. 中国港湾建设,5:68-70.

卢玉林,魏佳,梁永朵,等. 2010. 基于有限元法的混凝土固化期温度场分析[J]. 混凝土,9:23-25.

陆瑞年,许国,王长海. 2008. 水电地质工程三维可视化建模及其应用[J]. 水利科技与经济,04:319-322.

罗阿妮,张桐鸣,刘贺平,等. 2010. 机械行业三维建模技术综述[J]. 机械制造,10:1-4.

米海耶夫 M A. 1954. 热传学基础[M]. 王补宣译. 北京:高等教育出版社.

缪昌文,刘建忠,田倩. 2013. 混凝土的裂缝与控制[J]. 中国工程科学,15(4):30-35,45.

莫涛著,李红. 2013. 大体积混凝土温控措施[J]. 城市建筑,4:75,78.

牟明. 2013. 浅谈水工混凝土裂缝成因与修补[J]. 黑龙江科技信息,2:220.

乔鑫位,朱佳莉. 2013. 乌江船闸闸室混凝土防裂措施[J]. 安徽水利水电职业技术学院学报,13(3):37-39.

秦福平. 2013. 大体积混凝土裂缝原因剖析及其对策研究[J]. 科技视界,31:117.

任潮刚,任智民. 2013. 大体积混凝土基础底板温度裂缝控制技术[J]. 中华民居,18:124-125.

任强. 2013. 船闸工程大体积混凝土裂缝控制及对策[J]. 山西建筑,39(21):110-111.

沈子微,周明. 2013. 水利工程中防止大体积混凝土裂缝的措施[J]. 山西科技,28(5):140-141.

盛齐. 2013. 大体积混凝土温控技术处理探讨[J]. 科技与企业,2:177.

盛文仲. 2013. 大体积混凝土温度裂缝计算及控制[J]. 山西建筑,39(27):70-71.

施三大,姚红兵,陈绪春. 2004. 三峡工程厂房机组蜗壳及混凝土监测与计算对比分析[J]. 大坝与安全,(04).

司政,李守义,黄灵芝,等. 2013. 氧化镁微膨胀混凝土对温度应力的补偿效应[J]. 西北农林科技大学学报(自然科学版),41(5):228-234.

宋海彦. 2006. 大体积混凝土结构裂缝的施工控制措施[J]. 山西建筑,(4),15-16.

宋伟. 2012. 相变材料在大体积混凝土中的试验研究[D]. 北京市市政工程研究院.

宋仪,郭年根,李俊波,等. 2013. 数字化隧道三维建模分析[J]. 隧道建设,02:98-102.

睢福猛,张桂贤. 2010. 大体积混凝土温度裂缝控制技术研究[J]. 内蒙古科技与经济,2:112-114.

孙红兵,俞阿龙. 2013. 基于无线传感网络的大体积混凝土裂缝监控技术[J]. 传感技术学报,26(3):415-420.

孙为民. 2013. 水工混凝土温控与湿控[J]. 水利科技与经济,19(7):100-101.

田振华,程琳,魏超. 2011. 大体积混凝土工程温度场及应力场仿真分析[J]. 水电能源科学,29(2):76-78.

汪军,金毅勋,褚青来,等. 2013. 关于高寒地区基础约束区混凝土温控标准的讨论[J]. 水利水电技术,44(60):82-85.

王宏亮,赵建勋. 2013. 浅析高温季节基础约束区大体积混凝土施工措施[J]. 河南科技,20:34-35.

王建伟,周俊峰,吴浪. 2013. 大体积混凝土温度场控制分析[J]. 广州建材,3:36-37.

王军,向光明. 2013. Kriging算法在混凝土坝温度场重构中的应用分析[J]. 水利科技与经济,19(4):34-36.

王雷,董献国,胡晓曼. 2013. 某水利工程大体积混凝土测温试验分析[J]. 治淮,4:31-32.

王铁梦. 1979. 混凝土工程质量与裂缝控制[J]. 宝钢工程技术,(4),38-39.

王铁梦. 1997. 工程结构裂缝控制[M]. 北京:中国建筑工业出版社.

王祥英. 2013. 大体积混凝土裂缝控制及处理[J]. 科技风,12:137.

王新刚,高洪生,闻宝联. 2009. ANSYS计算大体积混凝土温度场的关键技术[J]. 中国港湾建设,1:41-44.

王亚斌. 1997. 大体积混凝土温度预测与裂缝控制[J]. 桥梁建设,(4).

王中越,丁长青,曹杰森. 2001. 大朝山碾压混凝土监测仪器施工技术与分析[J]. 云南水力发电,(4).

吴德均. 2013. 大体积混凝土温度监测与防控技术[J]. 工业建筑,S1:799-803.

吴洪源,艾则孜,罗帆. 2005. 风城水库大坝安全监测资料分析水电自动化与大坝监测[J],(3).

吴鹏,李勇泉,黄耀英. 2012. 大体积混凝土一期通水冷却时机研究[J]. 人民长江,07:28-32.

吴学庆. 2009. 某水闸工程混凝土温度控制与防裂研究[D]. 西安:西安理工大学硕士学位论文.

吴永斌. 2013. 浅析水工混凝土裂缝原因及应对措施[J]. 水利规划与设计,4:75-77.

项行. 1991. 混凝土负温养护工艺研究[J]. 建筑技术,(1),22-24.

谢微. 2011. 混凝土结构温度应力仿真分析中施工过程模拟[D]. 北京:华北电力大学硕士学位论文.

谢云贺,郭杰,孟宪龙. 2013. 大体积混凝土裂缝控制技术在施工中的应用[J]. 工程质量,31:264-267.

解荣. 2011. 大体积混凝土温度监控的研究[D]. 西安:长安大学硕士学位论文.

信邵阳,吴姜军,刘合义. 2013. 混凝土产生裂缝的原因及预防措施[J]. 河南水利与南水北调,18:92-93.

徐能雄,田红,于沐. 2007. 适于岩体结构三维建模的非连续地层界面整体重构[J]. 岩土工程学报,09:1361-1366.

徐能雄,段庆伟,田红,等. 2008. 岩体结构三维无缝建模与四面体优化剖分[J]. 岩土力学,10:2811-2816.

徐平根. 2013. 水工混凝土裂缝成因分析及对策[J]. 科技与企业,03:189.

杨东英. 2013. 基于未确知理论的超声法检测水工混凝土裂缝深度研究[J]. 河南水利与南水北调,13:62-63.

杨富瀛,冯晓琳,李晓萍. 2013. 三峡升船机塔柱混凝土温控防裂技术[J]. 中国工程科学,15(9):55-58,76.

杨林. 2013. 筏板基础大体积混凝土施工技术研究[D]. 郑州:郑州大学硕士学位论文.

杨绍斌,苏怀平,张洪. 2013. 大体积混凝土入模温度控制研究[J]. 中国港湾建设,4:38-41.

姚红兵. 2004. 三峡工程碾压混凝土中的仪器安装埋设与大坝安全[J],(04).

姚红兵. 2006. 周扬三峡大坝左厂14号坝段安全监测资料分析水电自动化与大坝监测[J],(1).

叶琳昌,沈义. 1986. 大体积混凝土施工[M]. 北京:中国建筑工业出版社.

叶琳昌,沈义. 1987. 大体积混凝土施工[M]. 北京:中国建筑工业出版社.

叶元骞. 1987. 混凝土坝表面保护材料的选择[J]. 人民长江,(8):28-29,58.

尹剑麟. 2013. 混凝土的施工温度与裂缝[J]. 中华建设,11:148-149.

俞洪明,徐永新. 2012. 向家坝水电站冲沙孔事故闸门 Solid Works 三维建模及 Cosmos 有限元分析[J]. 水电站机电技术,05:102-105.

云南交建公路工程建设有限公司. 2013. 水利工程大体积混凝土施工技术分析[J]. 经济管理者,10(上期):383.

张国新,刘有志,王振红,等. 2013. 基于现场温度实验的混凝土浇筑初期裂缝产生机理及防裂措施[J]. 水力发电学报,32(5):213-217.

张航,王述红,郭牡丹,等. 2012. 岩体隧道三维建模及围岩非连续变形动态分析[J]. 地下空间与工程学报,01:43-47.

张洪涛,宁进进. 2013. 大体积混凝土温度裂缝分析及其温度控制[J]. 科技创业家,1:32-33.

张克亮. 2013. 水利工程基础施工中大体积混凝土技术的应用[J]. 科技创新与应用,29:203.

张少武,银佳男. 2013. 溪洛渡工程混凝土温控实践[J]. 吉林水利,4:57-59.

张社荣,顾岩,张宗亮. 2008. 水利水电行业中应用三维设计的探讨[J]. 水力发电学报,03:65-69,53.

张宇鑫. 2002. 大体积混凝土温度应力仿真分析与反分析[D]. 大连:大连理工大学博士学位论文.

赵雯. 2010. 水工结构大体积混凝土温度应力及裂缝控制研究[D]. 合肥:合肥工业大学硕士学位论文.

赵雅丽. 2007. 三维建模技术的研究及其在楼宇结构与管网中的应用. 沈阳:沈阳工业大学硕士学位论文.

中华人民共和国行业标准. 2004. 混凝土大坝安全监测技术规范(SDJ336-89). 北京:中国水利水电出版社.

周伟,李水荣,刘杏红,等. 2013. 混凝土试件温度裂缝的颗粒流数值模拟[J]. 水力发电学报,32(3):187-193.

周兆厚. 2013. 水利大坝工程混凝土施工常见质量问题及管理措施[J]. 科技与企业,19:206.

朱伯芳. 1994. 多层混凝土结构仿真应力分析的并层算法[J]. 水力发电学报,(3):19-27.

朱伯芳. 1995. 不稳定温度场数值分析的分区异步长解法[J]. 水利学报,(8):46-52.

朱伯芳. 1995. 弹性徐变体的分区异步长解法[J]. 水利学报,(7):23-27.

朱伯芳. 1995. 混凝土高坝仿真计算中的并层坝块接缝单元[J]. 水力发电学报,(3):14-21.

朱伯芳. 1999. 大体积混凝土温度应力与温度控制[M]. 北京:中国电力出版社.

朱伯芳,王同生. 1976. 水工混凝土结构的温度应力与温度控制[M]. 北京:水利电力出版社.

朱秋菊. 2005. 闸墩混凝土结构温度应力分析及其应用[D]. 郑州:郑州大学硕士学位论文.

朱为勇,娄宗科. 2013. 大体积混凝土浇筑后温度变化的计算[J]. 建筑技术,44(5):402-405.

卓维松. 2013. 大体积混凝土温度监测技术[J]. 福建建材,4:20-21.

左宪章. 2012. 混凝土墩(塔)身早期温度裂缝控制研究[D]. 重庆:重庆交通大学硕士学位论文.

ACI Committee 209. 1992. Predeication of Creep Shrinkage andTemperature Effects in Concrete Structures [R]. Detroit : American Concrete Institute.

Bazant Z P, Bweja S. 1995. Creep and shrinkage prediction model for analysis and design of concrete structures-Model B3[J]. Materials and Structures,(28):357-365.

Bazant Z P, Bweja S. 1995. Justification and refinement of Model B3 for concrete creep and shrinkage[J]. Materials and Structures,(28):488-495.

Carslaw H S and Jaeger J C. 1982. Conduction of heat in solids[M]. Oxford.

Chapman A J. 1984. 传热学[M]. 北京:冶金工业出版社.

Gardner N J,Lockman M J. 2001. Design provisions for drying shrinkage and creep of normal-strength concrete [J]. ACI Materials Journal,98(2):159-167.

Gardner N J,Zhao J W. 1993. Creep and shrinkage revisited[J]. ACI Materials Journal,90(3):234-246.

Kawaguchi T，Nakane S. 1996. Investigations on determining thermal stress in massive concrete structures [J]. ACIJ,93(1):96-101.

Lain J P. 2002. Evaluation of concrete shrinkage and creep pridiction models [D]. San Jose State University.

Raphael J M. 1962. Prediction of temperature in rivers and reservoirs，Asce Power Division Journal[J],(31): 18-20.

Sakata K. 1993. Prediction concrete of creep and shrinkage [A]. Creep and Shrinkage of Concrete[C]. Proceedings of the Fifth International RILEM Symposium,Barcelona Spain,September 4-9:649-654.

Vazant Z P,Prasanan S. 1989. Solidification theory for concrete creep1:formulation[J]. Journaldofd Engineeringd Mechanics,115(8):1691-1703.

Yong wu,Luna R. 2001. Numerical implementation of temperature and creep in mass concrete[J]. Finite Elements in Analysis and Design:97-106.

第2章　大体积混凝土温度场原理及裂缝控制

2.1　温　度　应　力

当混凝土受热升温时,体积将受热膨胀,反之将收缩。如果混凝土的膨胀或者收缩不受任何限制,那么混凝土内部,将不产生应力。当然,对于自由温度变形只有在满足下述条件时才能出现,即当混凝土不和处于另一力学变形或温度变形的物体相联系,混凝土内部各点的温度相同,即:①当混凝土的温度场呈均匀变化;②当混凝土的温度场呈线性变化。除此以外,温度场如果按其他规律变化,或当所研究物体与其他物体发生联系,这些物体内,即将产生温度应力,他们不仅和物体的线膨胀系数有关,而且和组成物体材料的物理力学性能(弹性模量和泊松比)与热学性能有关。

在实际工程中,上述的两种条件事实上都是不能满足的,由于混凝土必须浇筑在地基或老混凝土上,不仅它们的初始温度条件不同,它们的物理力学性能也有差别。混凝土的温度变形,在地基面上要受地基约束,因而,要产生温度应力。在混凝土内部,由于先后浇筑的时间不同、散热条件和水泥用量不同等原因,混凝土内部将出现非线性温度场分布,出现变形不一致的现象,因而在混凝土内部,也要产生温度应力。在地基(或老混凝土)附近,地基(或老混凝土)的约束影响大,温度应力主要受地基(或老混凝土)的约束条件控制,在脱离地基约束的部位,主要受混凝土内部非线性温度场的约束条件控制。

综上所述,混凝土温度应力可以分为以下两类:①自生应力。边界上没有受到任何约束或者完全静定的结构,如果结构内部温度是线性分布的,即不产生应力;如果结构内部温度是非线性分布的,由于结构本身的相互约束而产生的应力,称为自生应力。例如,混凝土冷却时,表面温度较低,内部温度较高,表面的温度收缩变形受到内部的约束,在表面出现拉应力,在内部出现压应力。②约束应力。结构的全部或部分边界受到外界约束,温度变化时不能自由变形而引起的应力。例如,混凝土浇筑块冷却时受到基础的约束而产生的应力。

由于混凝土的弹性模量随着龄期而变化,在大体积混凝土结构中,温度应力的发展过程可以分为三个阶段:①早期应力。自浇筑混凝土开始,至水泥放热作用基本结束时为止,一般约为一个月。这个阶段有两个特点,一是因为水泥水化作用而放出大量水化热,引起温度场的急剧变化;二是混凝土弹性模量随着时间而急剧变化。②中期应力。自水泥放热作用基本结束时至混凝土冷却到最终稳定温度时,这个时期温度应力是由于混凝土的冷却及外界温度变化所引起的,这些应力与早期产生的温度应力相叠加。在此期间,混凝土弹性模量还有一些变化,但变化幅度较小。③晚期应力。混凝土完全冷却以后的运行时期,温度应力主要是由外界气温和水温的变化引起的,这些应力与早期和中期的残余应力相互叠加形成了混凝土晚期应力。

2.2　混凝土热力学特性

2.2.1　热力学主要参数

混凝土的热学性能包括导温系数 a、表面放热系数 β、导热系数 λ 和比热 c。

(1) 导温系数 a（m²/h）:混凝土的导温系数与其导热系数紧密相关,有 $a = \lambda/c\rho$,ρ 为密度。由此可知混凝土比热越大,密度越大,导温系数越小,传热性能就差。普通混凝土的导温系数介于 $0.003\sim0.006$m²/h 之间,主要取决于粗骨料的矿物成分,不同种类粗骨料混凝土的导温系数不同,大体积混凝土内部的导温系数较小,热量更难散发出去。

(2) 表面放热系数 β（kJ/(m·h·℃)）:固体表面的放热系数与风速有密切的关系,而且混凝土表面的粗糙程度对其影响特别大,固体表面在空气中的放热系数可用下面两式计算:

$$\beta = 23.9 + 14.50\nu_a（粗糙表面）$$
$$\beta = 21.8 + 13.53\nu_a（光滑表面）$$

式中,ν_a 为风速,m/s。

(3) 导热系数 λ（kJ/(m·h·℃)）:混凝土的导热系数是反映热量在混凝土内传导难易程度的一个系数,影响混凝土导热系数的主要因素有骨料的用量-骨料的热学性能-混凝土温度及其含水状态。试验表明,潮湿状态的混凝土比干燥状态混凝土的导热系数要大。新浇混凝土由于含水量大,它的导热系数可达干燥时的 $1.5\sim2$ 倍。导热系数还随混凝土的密度的增大和温度的升高而增大。

(4) 比热 c（kJ/(kg·℃)）:单位质量的混凝土,温度升高 1℃时所需吸收的热量称比热,影响混凝土比热的因素很多,主要是骨料的种类、数量和温度的大小。

2.2.2　水泥水化热

1. 水化反应原理

目前,国内外对水泥水化反应机理尚无定论,普遍被接受的解释是 1968 年

Douigill 等提出的一种类似"硅酸盐框架"结构的假设:认为水泥遇水后,在硅酸盐颗粒周围生成半渗透的硅酸盐水化物外壳,它将无水的表面和主液体隔开,因而产生诱导期,而钙离子(Ca^{2+})能够通过这层外壳进入主液体,硅酸盐离子则不能,仍留在外壳内,因而使渗透压增大。当渗透压增大时,耗尽了钙的水化硅酸盐被挤入主液体中,这时,它重又与 Ca^{2+} 结合形成空心管状的或其他形状的颗粒,标志着诱导期的结束,原粒子边缘内的水泥组分又进一步溶解。

国内外对水泥水化反应的研究很多,主要通过数值模拟和先进试验的方法对水化反应过程进行阐述。Pommersheim 等率先运用数值分析技术对单个组分硅酸三钙(C_3S)进行了模拟,Jennings 等在此基础上,用计算机数字图片对 C_3S 的水化过程以及微观结构进行了二维模拟。Phan 等认为水泥水化反应进程的两大主要机理是相界面控制和扩散控制,为此,他结合了一些系统参数对熟料单矿物的水化进程进行了模拟。Bentz 等根据水泥颗粒粒径分布、水灰比以及矿物组成等参数,研究出了以纯水泥水化三维模型来模拟纯水泥体系水化的全过程。Morin 利用超声波对混凝土的水化过程进行观测,得到混凝土内部毛细管的演变过程。Ye 利用超声波脉冲对水泥基材料的微观结构形成过程进行数值模拟和试验,并利用试验结果修正数值模拟。Kjellsen 采用 X 射线对混凝土水化过程中形成的"空壳"进行跟踪观测,从"空壳"的变化过程研究混凝土的水化。类似的研究还有 Donnell、McCarter、Bertil Persson 等。虽然这些研究的方法和手段并不相同,但结论大体一致,概括为:根据水化反应的趋势和进程,可将水泥的水化过程分为 5 个阶段,即初始水解期、诱导期、反应加速期、衰退期和稳定期,且每个阶段的水化产物不同。

2. 水化反应影响因素

研究表明,影响混凝土中水泥水化反应的因素很多。混凝土中大多数成分均在一定程度上影响着水化反应的进程。其中除水泥熟料外,含水量、矿物掺和料、外加剂及混凝土中各种成分的含量、形状等都影响着水泥的水化反应。此外,养护条件(如养护温度、湿度)、初始温度、拌和程度等也都有一定的影响。

1) 熟料组成

普通硅酸盐水泥熟料主要是由硅酸三钙、硅酸二钙、铝酸三钙和铁铝酸四钙四种矿物组成,其比例大致为:硅酸三钙 37%～60%,硅酸二钙 15%～37%,铝酸三钙 7%～15%,铁铝酸四钙 10%～18%。这四种熟料遇水后均会发生水化反应,而硅酸二钙和硅酸三钙约占 70%～80%,因此水泥的水化反应主要是硅酸二钙和硅酸三钙的水化反应。另外,这四种熟料的水化反应速度和强度存在差异,大致顺序为:铝酸钙>硅酸三钙>铁酸钙>硅酸二钙。除此之外,这些熟料的水化反应速率还取决于粒径分布、颗粒尺寸、反应温度以及生产过程等。

2) 矿物掺和料

为了改善混凝土的性能和减小水化放热,通常在拌和混凝土时加入具有一定细度和活性的矿物类产品,如粉煤灰、矿渣、火山灰等。研究发现,掺和料的成分、含量、颗粒形状及细度对水泥水化反应过程和放热量有较大影响。如矿渣水泥比普通水泥的水化放热量要低许多,且和普通水泥的水化放热过程相比,在水化过程中要经历两个水化放热高峰。火山灰水泥由于其矿物成分能够加速水泥的水化,水化放热速度要高于一般水泥,但总的水化放热量降低。而在水泥中掺入粉煤灰则能够有效地减小水化放热量和水化反应速率,且减小程度与粉煤灰含量和成分有关。目前,粉煤灰水泥应用越来越广泛,大部分学者认为粉煤灰混凝土比普通硅酸盐混凝土需要养护更长时间。

3) 化学外加剂

为了改善混凝土的各种性能,通常在拌制混凝土时会添加各类化学外加剂,如减水剂、引气剂等,掺量一般不超过水泥质量的 5%。经验表明,外加剂对硅酸盐水泥水化的影响主要是对 C_3A 和 C_3S 水化的影响,可以不考虑 C_2S 和 C_4AF。缓凝高效减水剂能够加快水泥的水化反应速度。聚羧酸减水剂与萘系、氨基磺酸系相比,可以从早期开始促进多组分水泥的反应。FDN 系列减水剂在工程中已得到大量应用,有良好的分散性和较高的减水率,但在保持分散性方面不理想,坍落度经时损失偏大,影响了混凝土的施工性能。氨基磺酸系的 FNF 高效减水剂对水泥粒子具有高的分散性,减水率高达 30%,并且具有控制坍落度损失的功能。蜜缓凝剂等化学外加剂能不同程度降低水泥净浆的水化热和温升,推迟热峰出现时间。Na_2SO_4 早强剂会提高水化热和温升,使热峰出现时间提前。松香引气剂对水化热和温升影响不明显。

4) 温度

温度在水泥水化反应中扮演十分重要的角色,随着水泥水化反应不断产生热量,混凝土温度升高,而温度升高又加剧了水化反应速率,水化放热率提高。因此,水泥水化反应过程中的温度与水化之间是不断相互促进的。随着环境和自身温度升高,混凝土水化反应速率不断加快,因此混凝土各项力学性能随龄期的发展同样受温度影响。

3. 水化反应的描述

混凝土热力学特性不仅与龄期有关,还与自身温度及温度历程等因素有关。目前,国内外通常采用两种概念来描述混凝土的水化反应及其对混凝土热力学性能的影响,一个是混凝土水泥水化反应程度即水化度(degree of hydration),另一个是混凝土的成熟度(maturity)。

1）水化度

从水泥水化机理与过程中，可以看出，水泥与水拌合后，会发生一系列的物理变化和化学反应，并释放热量。由于某一时刻水泥水化反应的程度与该时刻水化放热量密切相关，因此需要定义某一时刻的水泥水化程度（水化度）。目前，根据评价和测定标准的不同，水化度的定义方法也不同。Kjellsen 提出，对于纯水泥体系，根据龄期 t 的水泥浆体的化学结合水含量与水泥浆体完全水化后的化学结合水含量，可得出龄期 t 的硬化水泥浆体的水化度：

$$\alpha(t) = \frac{W_n(t)}{W_{n,\infty}} \tag{2-1}$$

式中，$W_n(t)$ 为水化 t 时刻硬化水泥浆体的化学结合水含量；$W_{n,\infty}$ 为完全水化水泥浆体的化学结合水含量。

在粉煤灰-水泥体系中，用复合胶凝材料的化学结合水量来直接表征其中所含水泥的水化反应程度不再适用。石明霞等提出一种等效化学结合水量法，并给出了将复合胶凝材料的总化学结合含水量转化为单位质量水泥对应的化学结合含水量的转换公式：

$$W_{\text{ne},C} = \frac{W_{\text{ne}}}{1 - f_{\text{FA}}} \tag{2-2}$$

式中，W_{ne} 为单位质量胶凝材料对应的化学结合水含量；$W_{\text{ne},C}$ 为单位质量水泥的化学结合水含量；f_{FA} 为粉煤灰的掺量百分数。

由式（2-1）和式（2-2）可知，如果可以测定 $W_{n,\infty}$，即可求出粉煤灰-水泥体系的水化度。但由于式（2-2）并未考虑粉煤灰水泥中粉煤灰结合用水量的贡献，且 $W_{\text{ne},C}$、$W_{n,\infty}$ 本身仅是一个粗略值，依据上述方式评价粉煤灰水泥的水化度往往误差较大。因此，有学者借助于试验结合数学计算的方法对于复合胶凝材料中水泥水化程度的确定进行了相关改进。Wang 等通过对水泥颗粒水化模型的建立，模拟出含有低钙粉煤灰的混合水泥中各熟料矿物反应程度的变化曲线，同时借助试验手段对特定龄期的水泥各矿物含量进行测定，发现实测值能很好地满足理论模型的曲线。Wang 等通过测试粉煤灰水泥浆体孔隙率和氢氧化钙（CH）含量，计算出浆体中水泥熟料和粉煤灰各自的反应程度，并认为体系和粉煤灰的反应程度随粉煤灰掺量的增加而降低，而水泥的反应程度反而增大。Lam 等通过测试不同水胶比的复合胶凝材料的化学结合水量和粉煤灰的反应程度，借助回归分析建立了粉煤灰水泥浆体中水泥反应程度与有效水胶比的定量关系，其相关系数超过 0.95。李响等对粉煤灰反应程度和 CH 含量进行测定，并结合水泥水化平衡计算理论，建立了基于 CH 含量的复合胶凝材料中水泥水化程度的评定方法。

2) 成熟度

混凝土成熟度概念最早由 Saul 提出,他认为当某一种混凝土的原材料、组成比例已知,其成熟度的增长主要由温度与龄期决定,为此,将成熟度函数 M 定义为

$$M = \sum (T - T_0) \Delta t \qquad (2\text{-}3)$$

式中,M 为成熟度;t 为混凝土龄期;T 为混凝土温度;T_0 为基准温度。

1953 年,Bergstrom 等根据 Saul 的成熟度法则,对一系列抗压强度试验的结果进行了归纳,认为混凝土硬化的起始温度为 $-10℃$,提出了常温养护条件下混凝土的成熟度方程:

$$M = \sum (T + 10) a_T \qquad (2\text{-}4)$$

式中,T 为养护温度;a_T 为温度 T 的养护时间。

此后,Rastrup 提出了另一种表示成熟度的方式——等效龄期的概念。但是随后 Wastlund 指出较大温度范围时,运用 Rastrup 方程计算的混凝土力学性能准确性比 Nurse-Saul 方程式(2-3)差。1960 年 Copeland 等提出可以根据水泥的水化程度来表达混凝土的成熟度,并建议用 Arrhenius 方程来描述温度对水泥水化速率的影响。1977 年 Freiesleben Hansen 和 Pedersen 建立了基于 Arrhenius 函数的等效龄期成熟度函数:

$$t_e = \sum_0^t \exp\Big[\frac{E_a}{R}\Big(\frac{1}{273 + T_r} - \frac{1}{273 + T}\Big)\Big] \cdot \Delta t \qquad (2\text{-}5)$$

式中,E_a 为混凝土活化能(kJ/mol);T_r 为混凝土参考温度(℃),一般取 $20℃$;T 为时段 Δt 内的混凝土平均温度(℃);t_e 为相对于参考温度的混凝土等效龄期成熟度(d)。

之后,Freiesleben Hansen 等对上述模型进行了完善,建立积分形式的等效龄期成熟度模型:

$$t_e = \int_0^t \exp\Big[\frac{E}{R}\Big(\frac{1}{273 + T_r} - \frac{1}{273 + T}\Big)\Big] \mathrm{d}t \qquad (2\text{-}6)$$

式中,$\begin{cases} E = 33500, & T \geqslant 20℃ \\ E = 33500 + 1470(20 - T), & T < 20℃ \end{cases}$ 。

Byfors 和 Naik 研究表明,基于 Arrhenius 方程的等效龄期成熟度函数可以更为有效地反映出养护温度和龄期对混凝土各种性能的影响,他们还指出 Nurse-Saul 和 Rastrup 的成熟度方程适用的温度范围很窄,为 $10 \sim 32℃$,而基于 Arrhenius 方程的等效龄期成熟度函数适用范围则更广。

3）水化度与成熟度的关系

国外研究者在试验基础上提出了一些水化度与等效龄期成熟度的关系式，常用的主要包括以下四种：

（1）复合指数式一：

$$\alpha(t_e) = \exp\left[-\left(\frac{m}{t_e}\right)^n\right] \tag{2-7}$$

式中，t_e 为相对于参考温度的混凝土等效龄期成熟度；$\alpha(t_e)$ 为基于等效龄期成熟度 t_e 的水化度；m 为水化时间参数，常数；n 为水化度曲线坡度参数，常数。

（2）复合指数式二：

$$\alpha(t_e) = \exp\{-\lambda_1 \left[\ln(1 + t_e/m)\right]^{-n}\} \tag{2-8}$$

式中，λ_1 为水化度曲线形状参数；n 为水化度曲线坡度参数；m 水化时间参数。三者均为常数。

（3）双曲线式：

$$\alpha(t_e) = \frac{t_e}{t_e + 1/C} \tag{2-9}$$

式中，C 为水化度曲线形状参数，常数。

（4）指数式：

$$\alpha(t_e) = 1 - \exp(-\gamma t_e) \tag{2-10}$$

式中，γ 为水化度曲线形状参数，常数。

4. 水泥水化热计算方法

水泥水化热是依赖于混凝土龄期的，可用以下三种表达式。

（1）幂函数式：

$$Q(\tau) = Q_0(1 - e^{-m\tau}) \tag{2-11}$$

式中，$Q(\tau)$ 为在龄期 τ 时的累计水化热，kJ/kg；Q_0 为 $\tau \to \infty$ 时的最终水化热，kJ/kg；τ 为龄期，d；m 为常数，随水泥品种及浇筑温度不同而不同。

（2）双曲线式：

$$Q(\tau) = \frac{Q_0 \tau}{n + \tau} \tag{2-12}$$

式中，n 为常数，它是水化热达到一半时的龄期。

（3）复合指数式：

$$Q(\tau) = Q_0 [1 - \exp(-a\tau^b)] \tag{2-13}$$

式中，a、b 均为常数；Q_0 为最终水化热。

2.2.3　混凝土的绝热温升

绝热温升顾名思义就是指混凝土所有边界处于绝热状态的条件下，水泥水化反应过程中导致的混凝土温度上升值。对于某种确定的混凝土，如果水泥水化热彻底进行，则其最高绝热温升也是确定的，不受温度等因素的影响。混凝土中水泥成分水化反应进行的程度、水泥含量及品质等决定着绝热温升值，水化热进行的越彻底，绝热温升值越大，相反也成立。混凝土绝热温升值应该根据实际情况由实验来确定，但是一般情况可以根据水泥水化反应释放的热量进行估算，其公式为

$$\theta(t) = \frac{Q(t)(W + kF)}{c\rho} \tag{2-14}$$

式中，W 为单位体积混凝土水泥含量，kg/m^3；c 为所配制混凝土材料比热，$kJ(kg \cdot ℃)$；ρ 为所配制混凝土材料密度，kg/m^3；F 为所配制混凝土中外加剂含量，kg/m^3；$Q(t)$ 为单位质量水泥水化反应释放热量，kJ/kg；k 为外加剂影响系数，成分中若含有粉煤灰，此值取 0.25。

近年来也有学者提出了基于水化度的绝热温升计算模型：

（1）指数双曲线式

$$\theta = \theta(\alpha(t_e)) = \theta\left(\frac{t_e^m}{n + t_e^m}\right) \tag{2-15}$$

（2）复合指数式三

$$\theta = \theta(\alpha(t_e)) = \theta_u e^{-m \cdot t_e^{-n}} \tag{2-16}$$

（3）复合指数式四

$$\theta = \theta(\alpha(t_e)) = \theta_u (1 - e^{-m \cdot t_e^{-n}}) \tag{2-17}$$

式中，t_e 为相对于参考温度的混凝土等效龄期成熟度；m 为水化时间参数，根据试验数据确定；n 为水化度曲线坡度参数，同样根据试验数据确定；θ_u 为水泥完全水化时的绝热温升；$\theta(\alpha(t_e))$ 为基于水化度的混凝土绝热温升，℃；$\alpha(t_e)$ 为水化度。

2.2.4　混凝土的力学性能

1. 强度影响因素

混凝土的强度（strength），是混凝土的主要力学性能指标之一，反映了混凝土

结构抵抗各种作用的能力。混凝土强度的影响因素众多,如水灰比、水泥强度、粗骨料种类、养护温度和湿度以及混凝土自身温度等。

1) 水泥

水泥强度对混凝土强度的影响是人们所熟知的,同样配合比,水泥强度愈高,混凝土强度愈高。水灰比不变的情况下,水泥用量在一定范围内增加时,可提高混凝土的强度。但当水泥用量增加到某一极限量时,混凝土强度不但没有提高,反而有下降的趋势。从水泥用量对水泥石孔隙的影响来分析,在某一水灰比时,水泥用量如果恰在水泥全部水化限度内,则水泥石的孔隙率是最小的,水泥石强度是最高的。如果水泥用量再继续增加,相应的用水量也要增加。否则,孔隙率不会再少,水泥石的强度也会降低。因此,过多的增加水泥不但不会提高反而很可能降低混凝土的强度。

2) 集料

普通混凝土的集料强度一般都高于混凝土强度,所以集料强度对混凝土强度没有不利的影响。但是集料的一些物理性质,特别是集料的表面状况、颗粒形状对混凝土强度有较大的影响。相对而言,对混凝土抗拉强度的影响更大一些。集料品种对混凝土强度的影响,又与水灰比有关。当水灰比小于 0.4 时,用碎石制成的混凝土强度较卵石要高,两者相差值可达 30% 以上。随着水灰比的增大,集料品种的影响减小,当水灰比为 0.65 时,用碎石和卵石制成的混凝土已不存在强度差异。这是因为由碎石表面粗糙、卵石表面光滑导致的它们与水泥石界面的粘结强度差异,随着水灰比的增大而逐渐消失。粗集料的最大粒径对混凝土的用水量及水泥用量有一定的影响。粒径越大,其比表面积越小,可相应减少用于湿润石子表面的水,从而降低水灰比以提高混凝土强度,或在保持强度不变的情况下节省水泥。但当最大粒径超过 40mm 以后,由减少用水量获得的强度提高,将被较小的粘结面等不利影响所抵消,特别是水泥用量多的混凝土更为明显。

3) 水灰比

混凝土的用水量是决定混凝土强度的主要因素。通常情况下,满足水泥水化所需的水量不超过水泥用量的 25%。普通混凝土常用的水灰比为 0.4~0.65,超过水化需要的水,主要是为了满足拌合物工作性能的需要。超量的水在混凝土内部留下了孔缝,使混凝土强度、密度和各种耐久性都受到不利影响。在一般情况下,集料的强度都高于混凝土强度,甚至高出几倍。因此,混凝土的强度主要取决于起胶结作用的水泥石的质量。水灰比对水泥石质量的影响,可从水在水泥浆体中的存在形态加以分析。研究已证明,水泥浆体中的水有化合水、凝胶水、毛细水和游离水 4 种形态。除了化合水外,其余 3 种形态的水都将随着水泥浆体的凝结硬化而逐渐蒸发掉,给水泥石留下的是孔隙。任何固体的强度都与所含孔隙率大小有关,孔隙率越大强度越低。所以混凝土水灰比越大,孔隙率越大,强度越低;水灰比越小,孔隙率越小,强度越高。

4）振捣

振捣是配制混凝土的一个重要的工艺过程。振捣的目的是施加某种外力,以抵消混凝土拌合物的内聚力,强制各种材料互相贴近渗透,排除空气,使之形成均匀密实、达到预期最高强度的混凝土。

5）温度

一般规律是养护温度高,水泥水化速度快,混凝土期强度增长的快。这对加速施工进度、提高经济效益是十分有利的。混凝土强度只有在适宜的温度、湿度条件下才能保证正常发展,应按施工规范的规定予以养护。

2. 弹性模量

材料在受到外力作用时都会产生变形,在一定的应力范围内应力与应变的比值是不变的,这个比值叫做弹性模量(elastic modulus)。弹性模量是表征混凝土变形能力的性能参数,是重要的设计指标。

混凝土弹性模量分为静弹性模量和动弹性模量,其中动弹性模量为材料在动荷载下的弹性模量,防裂研究中对动荷载考虑较少,故一般静弹性模量也称为弹性模量。混凝土弹性模量反映了混凝土的应力与应变关系,体现了混凝土结构截面的刚度,是与结构变形相关的重要指标,也是研究裂缝开展和温度应力必要的参数之一。目前,混凝土弹性模量主要是从试验方法以及试件尺寸选择上着手进行研究,对早龄期混凝土弹性模量的试验相对较少。因此,早龄期混凝土弹性模量的试验研究很有必要开展。

除了通过试验方法直接测定外,人们更希望基于细观力学原理给出合理的预测方法,以便量化影响混凝土弹性模量的各种因素。Neubauer 等首先提出了包括界面在内的混凝土弹性模量预测模型。Li 等基于混凝土中骨料和界面分布模拟,结合有限元算法提出了混凝土弹性模量预测的数值方法,既比较精确地计算界面面积率,又考虑了骨料最大粒径和级配的影响,但是需要编制大型有限元程序才能实现,不方便工程师使用。朱伯芳院士根据试验结果,提出考虑成熟度影响的混凝土弹性模量表达式,考虑了温度对混凝土弹性模量发展的影响,但没有直接的物理化学背景的支撑,而且模型中需要知道最终弹性模量的试验数据。

在结构温度应力仿真计算中,混凝土的弹性模量是一个十分重要的基本参数,计算中一般认为混凝土弹性模量是随龄期增长的,最后达到一个终值,而弹性模量的测量也是在常温(一般为 20℃)下进行的,没有考虑自身温度变化以及温度历程的影响。养护成熟度影响到水泥水化的速度,因而影响到混凝土弹性模量的发展,养护温度越高,弹性模量增长越快。

严格来说,混凝土的应力-应变曲线是一条既没有直线部分也没有屈服点的光滑曲线。为此,混凝土的弹性模量就有多种定义,包括初始切线弹性模量、切线弹性模量和割线弹性模量。初始切线弹性模量不易准确测定,切线弹性模量仅适用于很小的荷载变化范围,而割线弹性模量(应力-应变曲线上已知点与原点的直线斜率)表示所选择点的实际变形,并容易测量,在工程中被采用,通常所说的混凝土的弹性模量就是指割线弹性模量。

《水工混凝土试验规程》(DL/T 5150-2001)规定,以轴心抗压强度 40％的作用应力测得的割线弹性模量作为混凝土的抗压静力弹性模量。为了消除塑性变形的影响,试验时要反复加荷和卸载几次,这样得到的应力-应变曲线趋于直线。以轴心抗拉强度 50％的作用应力测得的割线弹性模量作为混凝土的抗拉静力弹性模量,简称抗拉弹性模量。混凝土抗压弹性模量与抗拉弹性模量的数值基本相当。在混凝土温度应力的有限元分析中,通常假定弹性模量直接决定于混凝土的强度和密度,因此,在缺乏试验数据的情况下,也可以用混凝土的抗压强度值,根据有关规范进行推算。

3. 泊松比

混凝土泊松比是应力计算中的一个重要参数,其值和加载龄期以及持载时间有关。在工作应力下,混凝土试验结果显示,当混凝土具有一定龄期后,在不同加载龄期和持载时间下,其泊松比一般为 0.15～0.22,粗略计算可取为 0.18。如果要求较高的精度,则应通过试验测定。如轴向压应力超过 0.4 倍的轴心抗压强度值,泊松比将随着荷载的升高而迅速增加。由于内部微裂缝的发展,其值可能超过 0.5。

对于早龄期混凝土泊松比随水化反应的变化情况,目前的研究很少,Hattle 于 2003 年提出基于等效龄期的混凝土泊松比计算式,认为在混凝土由液态向固态转化的过程中,泊松比是减小的,混凝土在水化过程中的泊松比变化与等效龄期、水化度相关。在持续荷载下,混凝土的泊松比基本不变,同时意味着轴向和横向应变的徐变系数接近相等,这也是下面的徐变应力计算所遵守的一条规则。

4. 线膨胀系数

混凝土温度应变要通过线胀系数来计算,线胀系数的取值准确与否,对温度应力的计算结果具有重要影响。混凝土温控防裂研究中,一般未考虑水化反应对线胀系数的影响,而将其作为常数。事实上,在混凝土的水化反应过程中,线胀系数是变化的。为了提高仿真计算的可靠度,需要对这种变化进行描述。国外在这方面的研究相对较多,但大都停留在试验阶段,尚未形成统一的计算模型。

5. 抗压强度计算

混凝土强度与水灰比成反比,即与灰水比成正比。当灰水比 $C/W = 1.0 \sim$ 2.5 时,混凝土抗压强度与灰水比关系如下:

$$R_{c28} = AR_{28}^c \left(\frac{C}{W} - B\right) \tag{2-18}$$

式中,R_{c28} 为 28d 龄期混凝土抗压强度;C 为水泥用量,kg/m^3;W 为用水量,kg/m^3;R_{28}^c 为 28d 龄期水泥强度;A、B 为试验系数。

混凝土抗压强度随着龄期 τ 而增长,可表示如下:

$$R_c(\tau) = R_{c28}(1 - m\ln\tau) \tag{2-19}$$

式中,$R_c(\tau)$ 为龄期 τ 的混凝土抗压强度;R_{c28} 为 28d 龄期混凝土抗压强度;τ 为龄期,d;m 为系数,与水泥品种有关。

矿渣硅酸盐水泥:$m = 0.2471$。

普通硅酸盐水泥:$m = 0.1727$。

普通硅酸盐水泥,掺 60% 粉煤灰:$m = 0.3817$。

6. 轴向抗拉强度计算

混凝土的轴向抗拉强度 R_t 远比其抗压强度 R_c 低,只相当于 R_c 的 $1/10 \sim 1/8$,混凝土抗压强度越高,比值 R_t/R_c 越低。混凝土的轴向抗拉强度 R_t 与抗压强度 R_c 可以用以下两关系式表示:

$$R_t = 0.232R_c^{2/3} \tag{2-20}$$

或

$$R_t = 0.332R_c^{0.60} \tag{2-21}$$

式中,R_t 和 R_c 的单位均为 MPa。

混凝土的抗拉强度随龄期增长而增大,二者之间成指数关系,其表达式为

$$R_t(\tau) = R_{t28}\left[1 - \exp(-a\tau^b)\right] \tag{2-22}$$

式中,$R_t(\tau)$ 为龄期 τ 的混凝土抗拉强度;R_{t28} 为 28d 龄期混凝土抗拉强度值;a、b 为常数,可查表。

大体积混凝土对拉应力很敏感,轴向抗拉强度在一定情况下是混凝土的真实抗拉强度,虽然试验复杂,却可以得到抗拉强度的真实指标,控制混凝土开裂应以轴向抗拉强度为依据,它对控制大体积混凝土温度裂缝及计算温度应力都具有相当大的实用价值。

2.2.5　混凝土的变形特性

1. 自收缩变形

混凝土自收缩的机理可从两个阶段进行阐述。第一阶段发生在混凝土初凝以前,产生自收缩的机理在于混凝土水化反应过程中绝对体积的减小,也即化学收缩。此时混凝土处于塑性阶段,具有较强的流动性,自收缩基本不产生拉应力,因此不是混凝土防裂的重点时期,在研究中往往忽略不计。目前国内外的混凝土自收缩试验多从初凝开始观测,就是这个道理。第二阶段发生在混凝土开始初凝以后,产生自收缩的机理在于混凝土内部的自干燥(self-desiccation)现象。

混凝土自收缩的产生和发展主要受混凝土的材料组成及养护条件等因素的影响。

(1) 骨料。骨料对水泥石的自收缩有一定的抑制作用,骨料硬度越大,则抑制作用越强,这也是水泥浆体、砂浆和混凝土的自收缩依次减小的原因。

(2) 水泥。水泥对混凝土自收缩的影响主要体现在水泥的品种和质量上。水泥矿物成分的水化速率、水化程度、化学结合水含量及成分含量都是影响混凝土自收缩大小的关键因素。水泥的细度越细,混凝土的自收缩越大。中热或低热硅酸盐水泥制备的混凝土,其自收缩值比普通硅酸盐水泥混凝土低得多。控制水泥合理的粉磨细度和颗粒级配,减少水泥颗粒组成中小于 $5\mu m$ 的细颗粒含量,能有效地改善混凝土的自收缩特性。球状的水泥颗粒对混凝土的自收缩有明显的降低作用。

(3) 水灰比。水灰比对混凝土的自收缩具有重要的影响,水灰比越大,混凝土自收缩越大。

(4) 矿物掺合料。矿物掺合料的矿物组成、活性和细度与混凝土自收缩大小有密切关系,不同掺合料对自收缩的影响不同,其中掺粉煤灰是一种有效的降低混凝土自收缩的方法。混凝土的自收缩随粉煤灰掺量的增加而减小。硅粉是超细活性掺合料,其掺量越大,混凝土的自收缩就越大。此外,磨细矿渣的掺入一般会增加混凝土的收缩,它对混凝土的自收缩的影响与其细度有关。

(5) 外加剂。减水剂、减缩剂和膨胀剂对混凝土自收缩具有较大的影响。掺入高效减水剂是保证低水灰比混凝土流动性的必要手段,但也相应增大了混凝土的自收缩,而减缩剂和膨胀剂对混凝土的收缩则有显著的抑制作用。

(6) MgO 膨胀混凝土。微膨胀混凝土以其化学能来做功,发挥补偿收缩功能,以减轻或避免混凝土因体积收缩引起的开裂。在水利工程中,常用的微膨胀混凝土主要就是 MgO 混凝土。MgO 在混凝土中起膨胀剂的作用,在水泥中掺一定量的 MgO,在其水化过程中生成的 $Mg(OH)_2$ 会产生延迟性的混凝土体积膨胀,利用其后期膨胀变形来补偿混凝土的收缩,从而达到减少混凝土后期裂缝的目的。

(7) 纤维。纤维对高性能混凝土自收缩的抑制作用类似于骨料,通过对水泥石自干燥变形的约束作用来减小混凝土的自收缩。考虑到高性能混凝土的自收缩在早期(初凝至 1d)很大,而此时水泥石尚无很高的弹性模量,因此采用低弹性模量的聚合物纤维可以有效抑制混凝土的早期自收缩。高弹性模量的钢纤维或碳纤维不仅可以有效抑制混凝土的早期自收缩,还有利于克服其后期的自收缩,同时还可以提高混凝土的抗拉强度。

(8) 掺饱水轻集料进行自养护。自养护是指在混凝土硬化过程中,构成混凝土的某组分将其内部"储存"的水分供给未水化水泥颗粒或活性矿物掺和料,使混凝土继续水化硬化。在高性能混凝土中,可采用掺适量饱水轻集料的方法进行混凝土的内部自养护,以达到减小自收缩的目的。

(9) 养护。养护是混凝土浇筑的一个重要环节,主要包括温度养护和水养护。养护温度越高,同时期混凝土的水化反应程度就越高,自收缩值就会越大,但混凝土的最终自收缩量不受影响。混凝土的水养护对减小其自收缩更为有效,加强混凝土的早期水养护,有助于减小混凝土内部相对湿度的降低幅度,从而减小收缩值。

2. 徐变变形

混凝土不是理想弹性体,在常应力作用下,随着时间的延长,应变将不断增加,这一部分随时间而增加的应变称为徐变,或称为蠕变。混凝土的徐变变形约为其弹性变形的 $100\%\sim250\%$,因此徐变变形对结构的应力和位移有显著影响。从温度应力方面考虑,混凝土的徐变对温度应力有着很大的影响,一般来说,可使温度应力减小一半左右,因此,在计算混凝土结构温度应力时必须计入徐变的影响。

试验资料表明,当应力不超过强度的一半时,徐变与应力之间保持线性关系。因此在龄期 τ 时加常荷载,到时间 t 的总应变是弹性应变 $\varepsilon^e(\tau)$ 和徐变 $\varepsilon^c(\tau)$ 之和,即

$$\varepsilon(t,\tau) = \varepsilon^e(\tau) + \varepsilon^c(\tau) = \frac{\sigma(\tau)}{E(\tau)} + \sigma(\tau)C(t,\tau) = \sigma(\tau)J(t,\tau) \quad (2\text{-}23)$$

式中,$\frac{\sigma(\tau)}{E(\tau)}$ 是加荷瞬时的弹性应变;$\sigma(\tau)C(t,\tau)$ 是随时间而增长的徐变,其中 $C(t,\tau)$ 称之为徐变度(MPa^{-1});$J(t,\tau) = \frac{1}{E(\tau)} + C(t,\tau)$ 称为徐变柔量(MPa^{-1})。其倒数称为持续弹性模量,或有效弹性模量。

3. 总应变

理想弹性体在单向受力条件下,应力与应变之间服从虎克定律,当应力保持不变时,应变也保持不变。但实验资料表明,当应力保持常量时,混凝土的应变将随着时间而有所增加。实际上,在单向受力条件下,混凝土在时间 τ 的总应变 $\varepsilon(\tau)$ 可表示为

$$\varepsilon(\tau) = \varepsilon^e(\tau) + \varepsilon^c(\tau) + \varepsilon^T(\tau) + \varepsilon^s(\tau) + \varepsilon^g(\tau) \tag{2-24}$$

式中,$\varepsilon^e(\tau)$ 为应力引起的弹性应变;$\varepsilon^c(\tau)$ 为混凝土的徐变应变;$\varepsilon^T(\tau)$ 为温度变化引起的应变;$\varepsilon^s(\tau)$ 为混凝土的干缩应变,一般认为,它是混凝土中水分损失所引起的变形;$\varepsilon^g(\tau)$ 为混凝土的自生体积变形。

2.3　热传导基本理论

2.3.1　导热方程

设有一均匀各向同性的固体,从中取出一无限小的六面体 $\mathrm{d}x\mathrm{d}y\mathrm{d}z$,见图 2-1。

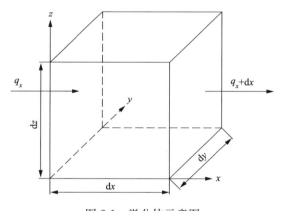

图 2-1　微分体示意图

在单位时间内从左面 $\mathrm{d}y\mathrm{d}z$ 流入的热量为 $q_x\mathrm{d}y\mathrm{d}z$,经右面流出的热量为 $q_{x+\mathrm{d}x}\mathrm{d}y\mathrm{d}z$,流入的净热量为 $(q_x - q_{x+\mathrm{d}x})\mathrm{d}y\mathrm{d}z$,在固体的热传导中,热流量 q(单位时间内通过单位面积的热量)与温度梯度成正比,但热流方向与温度梯度的方向相反,即

$$q_x = -\lambda \frac{\partial T}{\partial x} \tag{2-25}$$

式中,λ 为导热系数,$\mathrm{W}/(\mathrm{m} \cdot \mathrm{℃})$。

$q_{x+\mathrm{d}x}$ 是 x 的函数,将 $q_{x+\mathrm{d}x}$ 展开成泰勒级数并取二项得

$$q_{x+\mathrm{d}x} \approx q_x + \frac{\partial q_x}{\partial x}\mathrm{d}x = -\lambda \frac{\partial T}{\partial x} - \lambda \frac{\partial^2 T}{\partial x^2}\mathrm{d}x \tag{2-26}$$

于是,沿 x 方向流入的净热量为 $\lambda \dfrac{\partial^2 T}{\partial x^2}\mathrm{d}x\mathrm{d}y\mathrm{d}z$。

同理,沿 y 方向和 z 方向流入的净热分别为 $\lambda \dfrac{\partial^2 T}{\partial y^2}\mathrm{d}x\mathrm{d}y\mathrm{d}z$ 及 $\lambda \dfrac{\partial^2 T}{\partial z^2}\mathrm{d}x\mathrm{d}y\mathrm{d}z$。

设由水泥水化热在单位时间内单位体积中发出的热量为 $Q\mathrm{d}x\mathrm{d}y\mathrm{d}z$,在 $\mathrm{d}\tau$ 时间内,此六面体温度升高所吸收的热量为

$$c\rho \frac{\partial T}{\partial \tau}\mathrm{d}x\mathrm{d}y\mathrm{d}z$$

式中,c 为比热,kJ/(kg·℃);ρ 为密度,kg/m³;τ 为时间,h。

由热量的平衡原理,从外面流入的净热量与内部水化热之和必须等于温度升高所吸收的热量,即

$$c\rho \frac{\partial T}{\partial \tau}\mathrm{d}\tau\mathrm{d}x\mathrm{d}y\mathrm{d}z = \left[\lambda\left(\frac{\partial^2 T}{\partial x^2} + \frac{\partial^2 T}{\partial y^2} + \frac{\partial^2 T}{\partial z^2}\right) + Q\right]\mathrm{d}x\mathrm{d}y\mathrm{d}z\mathrm{d}\tau \tag{2-27}$$

化简,得均匀各向同性得固体导热方程:

$$\frac{\partial T}{\partial \tau} = a\left(\frac{\partial^2 T}{\partial x^2} + \frac{\partial^2 T}{\partial y^2} + \frac{\partial^2 T}{\partial z^2}\right) + \frac{Q}{c\rho} \tag{2-28}$$

式中,$a = \dfrac{\lambda}{c\rho}$ 为导温系数,m²/h;c 为比热,kJ/(kg·℃);ρ 为密度,kg/m³;τ 为时间,h。

由于水化热作用,在绝热条件下混凝土的温度上升速度为

$$\frac{\partial \theta}{\partial \tau} = \frac{Q}{c\rho} = \frac{\overline{W}q}{c\rho} \tag{2-29}$$

式中,θ 为混凝土的绝热温升,℃;$\overline{W}$ 为水泥用量,kg/m³;q 为单位质量水泥在单位时间内放出的水化热,kJ/(kg·h)

根据式(2-29),导热方程可改写为

$$\frac{\partial T}{\partial \tau} = a\left(\frac{\partial^2 T}{\partial x^2} + \frac{\partial^2 T}{\partial y^2} + \frac{\partial^2 T}{\partial z^2}\right) + \frac{\partial \theta}{\partial \tau} \tag{2-30}$$

若温度沿 z 方向是常数,则温度场是两向的,导热方程简化为

$$\frac{\partial T}{\partial \tau} = a\left(\frac{\partial^2 T}{\partial x^2} + \frac{\partial^2 T}{\partial y^2}\right) + \frac{\partial \theta}{\partial \tau} \tag{2-31}$$

若温度不但在 z 方向而且在 y 方向也是常数，则得到单向的导热方程：

$$\frac{\partial T}{\partial \tau} = a\,\frac{\partial^2 T}{\partial x^2} + \frac{\partial \theta}{\partial \tau} \qquad (2\text{-}32)$$

如采用圆柱坐标 (r, φ, z)，则导热方程为

$$\frac{\partial T}{\partial \tau} = a\left(\frac{\partial^2 T}{\partial r^2} + \frac{1}{r}\,\frac{\partial T}{\partial r} + \frac{1}{r^2}\,\frac{\partial^2 T}{\partial \varphi^2} + \frac{\partial^2 T}{\partial z^2}\right) + \frac{\partial \theta}{\partial \tau} \qquad (2\text{-}33)$$

如果温度不随时间而变化，$\dfrac{\partial T}{\partial \tau} = 0$，由式(2-30)得

$$\frac{\partial^2 T}{\partial x^2} + \frac{\partial^2 T}{\partial y^2} + \frac{\partial^2 T}{\partial z^2} = 0 \qquad (2\text{-}34)$$

不随时间变化的温度场称为稳定温度场。

2.3.2　初始条件和边界条件

导热方程建立了物体的温度与时间、空间的一般关系，为了确定我们所需要的温度场，还必须知道初始条件和边界条件。初始条件为物体内部初始瞬间温度场的分布规律。边界条件包括周围介质与混凝土表面相互作用的规律及物体的几何形状。初始条件和边界条件合称为边值条件。

一般初始瞬时的温度分布可以认为是均为的，即 $T = T(x, y, z, 0) = T_0 =$ 常数，在混凝土浇筑块温度计算过程中，初始温度即为浇筑温度。

边界条件可以用以下四种方式给出：

(1) 第一类边界条件：混凝土表面温度是时间的已知函数，即

$$T(\tau) = f(\tau) \qquad (2\text{-}35)$$

混凝土与水接触时，表面温度等于已知的水温，属于这种边界条件。

(2) 第二类边界条件：混凝土表面的热流量是时间的已知函数，即

$$-\lambda\left(\frac{\partial T}{\partial n}\right) = f(\tau) \qquad (2\text{-}36)$$

式中，n 为表面法线方向。

若表面是绝热的，则 $\dfrac{\partial T}{\partial n} = 0$。

(3) 第三类边界条件：当混凝土与空气接触时，表面热流量与混凝土表面温度 T 和气温 T_a 之差成正比，即

$$-\lambda\left(\frac{\partial T}{\partial n}\right) = \beta(T - T_a) \qquad (2\text{-}37)$$

式中，β 为放热系数，$W/(m^2 \cdot ℃)$。

当放热系数 β 趋于无限时，$T = T_a$，即转化为第一类边界条件。当放热系数 $\beta=0$ 时，$\dfrac{\partial T}{\partial n} = 0$，又转化为绝热条件。

（4）第四类边界条件：当两种不同的固体接触时，如接触良好，则在接触面上温度和热流量都是连续的，即

$$\left.\begin{array}{l} T_1 = T_2 \\ \lambda_1 \left(\dfrac{\partial T_1}{\partial n}\right) = \lambda_1 \left(\dfrac{\partial T_1}{\partial n}\right) \end{array}\right\} \tag{2-38}$$

如两固体之间接触不良，则温度是不连续的，须引入接触热阻的概念，即

$$\left.\begin{array}{l} \lambda_1 \left(\dfrac{\partial T_1}{\partial n}\right) = \dfrac{1}{R_c}(T_2 - T_1) \\ \lambda_1 \left(\dfrac{\partial T_1}{\partial n}\right) = \lambda_2 \left(\dfrac{\partial T_2}{\partial n}\right) \end{array}\right\} \tag{2-39}$$

式中，R_c 为因接触不良产生的热阻，$m^2 \cdot h \cdot ℃/kJ$，由试验确定。

在四类边界条件中，以第一类最为简单，在混凝土建筑物中广泛应用的是第三类边界条件，但是第三类边界条件在数学上比较困难，因此在处理实际问题时，常采用近似方法，其方法如下：

将式（2-37）改写为

$$-\dfrac{\partial T}{\partial n} = -\dfrac{T - T_a}{\dfrac{\lambda}{\beta}} \tag{2-40}$$

式中，分子 $T-T_a$，虽为变量，但分母 $\dfrac{\lambda}{\beta}$ 是常数。当表面温度从 T_1 变到 T_2 时，温度梯度分别为 $\tan\theta_1 = -\dfrac{T_1 - T_a}{\dfrac{\lambda}{\beta}}$ 及 $\tan\theta_2 = -\dfrac{T_2 - T_a}{\dfrac{\lambda}{\beta}}$。

由图 2-2 可知：温度曲线在混凝土表面的切线通过 B 点至边界的距离 $H = \dfrac{\lambda}{\beta}$。

将温度曲线 T_1 和 T_2 向外延长，经过水平距离 d 后，等于外界气温 T_a。根据这个原理，当遇到第三类边界条件时，可以自真实边界向外延伸一个虚拟厚度 d，得到一个虚拟边界，在虚拟边界上固体表面温度等于外界介质温度。如果物体真实厚度为 l，在温度计算中采用的厚度为：$l_1 = l + 2d$。

以虚拟边界做坐标原点，按第一类边界条件求出温度场的解为 $T(x,\tau)$，则在

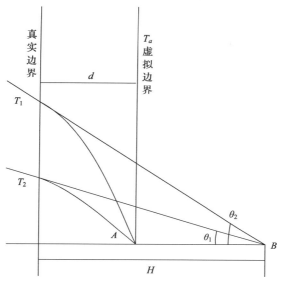

图 2-2　虚拟边界示意图

真实边界的温度为 $T(d,\tau)$，由图 2-2 可知：

$$T(d,\tau) = H\left(\frac{\partial T}{\partial x}\right)\bigg|_{x=d} + T_a \qquad (2\text{-}41)$$

由式(2-41)可以决定虚拟厚度 d。

2.4　温度场有限元分析

2.4.1　有限元原理

有限元方法是利用数学近似的方法对真实物理系统(几何和载荷工况)进行模拟。它利用简单而又相互作用的元素，即单元，用有限数量的未知量去逼近无限未知量的真实系统。其基本解释为：

(1) 将连续的结构离散成有限个单元，并在每一单元中设定有限个节点，将连续体看作只在节点处相连接的一组单元的集合体。

(2) 选定场函数的节点值作为基本未知量，并在每一单元中假设一近似插值函数，以表示单元中场函数的分布规律。

(3) 利用力学中的某种变分原理去建立用以求节点未知量的有限单元法方程，将一个连续域中有限自由度问题化为离散域中有限自由度问题。

1. 平衡微分方程

$$\left.\begin{array}{l} \dfrac{\partial \sigma_x}{\partial x} + \dfrac{\partial \tau_{yx}}{\partial y} + \dfrac{\partial \tau_{zx}}{\partial z} + X = 0 \\[3mm] \dfrac{\partial \tau_{xy}}{\partial x} + \dfrac{\partial \sigma_y}{\partial y} + \dfrac{\partial \tau_{zy}}{\partial z} + Y = 0 \\[3mm] \dfrac{\partial \tau_{xz}}{\partial x} + \dfrac{\partial \tau_{yz}}{\partial y} + \dfrac{\partial \sigma_z}{\partial z} + Z = 0 \end{array}\right\} \tag{2-42}$$

2. 几何方程

$$\left.\begin{array}{ll} \varepsilon_x = \dfrac{\partial u}{\partial x}, & \gamma_{xy} = \dfrac{\partial v}{\partial x} + \dfrac{\partial u}{\partial y} \\[3mm] \varepsilon_y = \dfrac{\partial v}{\partial y}, & \gamma_{yz} = \dfrac{\partial w}{\partial y} + \dfrac{\partial v}{\partial z} \\[3mm] \varepsilon_z = \dfrac{\partial w}{\partial z}, & \gamma_{zx} = \dfrac{\partial u}{\partial z} + \dfrac{\partial w}{\partial x} \end{array}\right\} \tag{2-43}$$

3. 物理方程

$$\left.\begin{array}{ll} \sigma_x = \lambda e + 2G\varepsilon_x, & \tau_{xy} = G\gamma_{xy} \\[2mm] \sigma_y = \lambda e + 2G\varepsilon_y, & \tau_{yz} = G\gamma_{yz} \\[2mm] \sigma_z = \lambda e + 2G\varepsilon_z, & \tau_{zx} = G\gamma_{zx} \end{array}\right\} \tag{2-44}$$

式中，$\lambda = \dfrac{\mu E}{(1+\mu)(1-2\mu)}$ 为拉梅系数；$e = \varepsilon_x + \varepsilon_y + \varepsilon_z$ 为体应变；$G = \dfrac{E}{2(1+\mu)}$ 为剪切模量。

根据平衡微分方程、几何方程和物理方程，考虑不同边界条件，即可进行任意荷载作用下的结构应力计算。

2.4.2　稳定温度场有限元计算求解原理

由热传导理论，稳定温度场 $T(x, y, z)$ 在区域 R 内应满足拉普拉斯方程：

$$\frac{\partial^2 T}{\partial x^2} + \frac{\partial^2 T}{\partial y^2} + \frac{\partial^2 T}{\partial z^2} = 0 \tag{2-45}$$

在第一类边界上满足：$T = T_b$，在第三类边界上满足：$\lambda \dfrac{\partial T}{\partial n} + \beta(T - T_a) = 0$，

在绝热边界满足：$\lambda \dfrac{\partial T}{\partial n} = 0$。其中：$\beta$ 为表面散热系数，λ 为导热系数，n 为外法线方

向，T_a、T_b 为给定的边界温度。

将计算域离散为若干个 8 结点空间实体等参元，取温度模式为

$$T = \sum_{i=1}^{8} N_i T_i = [N]\{T\}^e \tag{2-46}$$

式中，N_i 为形函数；T_i 为结点温度。

对泛定方程(2-45)在区域 R 内应用加权余量法得

$$\iiint_R W_i \left(\frac{\partial^2 T}{\partial x^2} + \frac{\partial^2 T}{\partial y^2} + \frac{\partial^2 T}{\partial z^2} \right) \mathrm{d}x \mathrm{d}y \mathrm{d}z = 0 \tag{2-47}$$

取权函数 W_i 等于形函数 Ni，并进行分部积分得

$$\iiint_R \left(\frac{\partial T}{\partial x} \frac{\partial N_i}{\partial x} + \frac{\partial T}{\partial y} \frac{\partial N_i}{\partial y} + \frac{\partial T}{\partial z} \frac{\partial N_i}{\partial z} \right) \mathrm{d}x \mathrm{d}y \mathrm{d}z - \iint_S \frac{\partial T}{\partial n} N_i \mathrm{d}s = 0 \tag{2-48}$$

把 $\dfrac{\partial T}{\partial x} = \sum\limits_{i=1}^{8} \dfrac{\partial N_i}{\partial x} T_i$；$\dfrac{\partial T}{\partial y} = \sum\limits_{i=1}^{8} \dfrac{\partial N_i}{\partial y} T_i$；$\dfrac{\partial T}{\partial z} = \sum\limits_{i=1}^{8} \dfrac{\partial N_i}{\partial z} T_i$ 代入上式，$i = 1 \sim 8$

分别取值，得到不同的权值，并写成矩阵形式得

$$\iiint_R [B_i]^T [B_i] \{T\}^e \mathrm{d}v = \iint_s [N]^T \frac{\partial T}{\partial n} \mathrm{d}s \tag{2-49}$$

代入边界条件：

$$\frac{\partial T}{\partial n} = \frac{\beta}{\lambda}(T_a - T) = \frac{\beta}{\lambda}\left(T_a - \sum_{i=1}^{8} N_i T_i\right) = \frac{\beta}{\lambda} T_a - \frac{\beta}{\lambda}[N]\{T\}^e \tag{2-50}$$

并对所有单元求和，得求解稳定温度场的方程为

$$\sum_e \left\{ \iiint_R [B_t]^T [B_t] \mathrm{d}v + \iint_s \frac{\beta}{\lambda} [N]^T [N] \mathrm{d}s \right\} \{T\}^e = \sum_e \iint_s \frac{\beta}{\lambda} T_a [N]^T \mathrm{d}s$$

$$\tag{2-51}$$

式中

$$[B_i] = \begin{bmatrix} \dfrac{\partial N_1}{\partial x} & \dfrac{\partial N_2}{\partial x} & \cdots & \dfrac{\partial N_8}{\partial x} \\[2mm] \dfrac{\partial N_1}{\partial y} & \dfrac{\partial N_2}{\partial y} & \cdots & \dfrac{\partial N_8}{\partial y} \\[2mm] \dfrac{\partial N_1}{\partial z} & \dfrac{\partial N_2}{\partial z} & \cdots & \dfrac{\partial N_8}{\partial z} \end{bmatrix}$$

2.4.3　非稳定温度场有限元计算求解原理

根据热传导方程及变分原理,三维非稳定温度场问题的有限元求解可取如下泛函 $I(T)$:

$$I^e(T) = \iiint\limits_{\Delta R} \left\{ \frac{1}{2}a\left[\left(\frac{\partial T}{\partial x}\right)^2 + \left(\frac{\partial T}{\partial y}\right)^2 + \left(\frac{\partial T}{\partial z}\right)^2\right] + \left(\frac{\partial T}{\partial \tau} - \frac{\partial \theta}{\partial \tau}\right)T \right\} \mathrm{d}x\mathrm{d}y\mathrm{d}z$$
$$+ \iint\limits_{\Delta C} \bar{\beta}\left(\frac{1}{2}T^2 - T_aT\right)\mathrm{d}s \tag{2-52}$$

式中, ΔR 为单元 e 所包含的子域; $a = \dfrac{\lambda}{c\rho}$ 为导温系数, λ 为导热系数; T 为温度; τ 为混凝土龄期; θ 为绝热温升; ΔC 为在表面 C 上的面积,只会出现在边界单元; $\bar{\beta} = \dfrac{\beta}{c\rho}$, β 为放热系数; c 为比热; ρ 为密度; T_a 为外界气温。

由式(2-52)在积分号内求微分,得到

$$\frac{\partial I^e}{\partial T_i} = \iiint\limits_{\Delta R} \left\{ a\left[\frac{\partial T}{\partial x}\frac{\partial}{\partial T_i}\left(\frac{\partial T}{\partial x}\right) + \frac{\partial T}{\partial y}\frac{\partial}{\partial T_i}\left(\frac{\partial T}{\partial y}\right) + \frac{\partial T}{\partial z}\frac{\partial}{\partial T_i}\left(\frac{\partial T}{\partial z}\right)\right] \right.$$
$$\left. + \left(\frac{\partial T}{\partial \tau} - \frac{\partial \theta}{\partial \tau}\right)\frac{\partial T}{\partial T_i} \right\} \mathrm{d}x\mathrm{d}y\mathrm{d}z + \iint\limits_{\Delta C} \bar{\beta}\left(T\frac{\partial T}{\partial T_i} - T_a\frac{\partial T}{\partial T_i}\right)\mathrm{d}s \tag{2-53}$$

根据泛函实现极值的条件,有

$$\sum \frac{\partial I^e}{\partial T_i} = 0 \tag{2-54}$$

在每个节点中,都建有一个式(2-53)确定的方程,联立求解这个方程组,即可求出所有节点的温度。

2.5　温度应力有限元分析

混凝土结构的温度应力,实际上是一种约束应力。当结构物由于温度变化产生的变形受到约束时所产生的应力,即称为温度应力。反之,如果结构物因温度变化而产生的变形,能自由地伸缩时,则不会发生这种温差应力。温度应力与一般荷载应力相比,具有以下三个典型特点:①应力应变不再符合简单的虎克定律关系,出现应变小而应力大,应变大而应力小的情况,但是伯努利平面变形规律仍然适用;②由于混凝土结构的温度荷载沿壁厚方向的非线性分布,所以其截面上的温度应力也具有明显的非线性分布特征;③混凝土结构的温度分布是随时间变化的,所以其应力分布也是随时间变化的。

求解温度应力的方法常见的有三种,分别为:基于结构力学的温度应力计算方法、基于热弹性理论的温度应力计算方法和有限元方法。

2.5.1　基于结构力学的温度应力计算方法

结构力学计算方法的假定有:①混凝土结构匀质、各向同性,另外认为混凝土的力学性能符合线弹性假定、小变形假定,认为温度应力和普通荷载引起的应力满足叠加原理;②平截面假定;③假设混凝土热物理性能不随温度变化。严格来讲,混凝土材料的热物理性能参数,如导热系数、比热容、辐射率以及密度等,是随温度变化的,但是变化很小,可以近似视为常数,使导热问题进一步简化;④忽略温度与变形或应力之间的耦合;⑤对于本书所研究的混凝土桥墩和箱梁,其长度方向尺寸远比其横向尺寸要大,这种构件在太阳辐射和气温变化等环境因素的影响下,温度场沿轴线方向的变化很小,可以近似简化为在其横截面内的二维分布,并且还可忽略各壁板交汇的角隅处温度变化的局部差别,还可以进一步将温度分布简化为壁厚方向的一维问题;⑥假设纵向温度应力和横向温度应力相互独立,可以分开求解。

目前这种方法常应用于计算混凝土桥梁的温度应力。

2.5.2　基于热弹性理论的温度应力计算方法

Bruce Hunt 和 Nigel Cooke 提出了基于热弹性理论的温度应力计算方法。采用该方法计算时假定温度 T 只沿截面高度 y 发生变化,沿箱梁纵向截取单位长度梁段,对斜腹板可近似按竖向板处理,这样可以得到由水平板和竖向板组成的平面框架结构。先把结构纵向位移完全约束,按照平面应变状态求解横向温度应力和纵向温度应力,然后再释放纵向约束,叠加上一个补充解使边界条件近似满足。求解时根据热应力理论,引入了 Airy 热应力函数,考虑了各向温度应力分量间的耦合作用。

由弹性力学可知,对于等截面直杆,只有在各纵向纤维横向互不挤压的情况下,才会出现单向应力状态。实际上,在非线性温差荷载作用下,构件内部的温度变形在各个方向都受到约束,处于三向应力状态,不同方向的正应力分量是相互耦合的。因此与结构力学方法相比,基于热弹性理论的方法考虑了应力分量间的耦合作用,因此计算结果更准确。

2.5.3　有限元方法

时间作为确定温度场的参数,瞬态温度场问题是时空域的四维问题,而任意时刻的温度应力可以看成是一个纯空间域的问题。下面利用虚功原理推导温度应力问题的基本方程。

用矩阵的形式表示弹性体的应力-应变关系为

$$\{\sigma\} = [D](\{\varepsilon\} - \{\varepsilon_0\})$$ (2-55)

式中，$[D]$ 是表征材料特性的弹性矩阵；$\{\varepsilon_0\}$ 是由于温度变化 Δt 引起的温度应变

$$\{\varepsilon_0\} = \alpha\Delta t[1,1,1,0,0,0]^T$$

单元中任意一点的应变列阵可表示为

$$\{\varepsilon\} = [B]\{\delta\}^e$$ (2-56)

式中，$[B]$ 为单元应变矩阵；$\{\delta\}^e$ 为单元节点位移矩阵。

将应变列阵代入到压力-应变关系中有

$$\{\sigma\} = [D][B]\{\delta\}^e - [D]\{\varepsilon_0\}$$ (2-57)

根据虚功原理可推出由于温度应变引起的等效节点热荷载 $\{F_{\Delta t}\}^e$

$$\{F_{\Delta t}\}^e = \iiint_v [B]^T[D]\{\varepsilon_0\}\mathrm{d}_x\mathrm{d}_y\mathrm{d}_z$$ (2-58)

将离散的各单元的刚度矩阵、位移向量和等效节点热荷载向量组装起来，根据虚功原理可得

$$[K]\{\delta\} = \{F_{\Delta t}\}$$ (2-59)

式中，$[K]$ 为总体刚度矩阵；$\{\delta\}$ 为节点位移向量；$\{F_{\Delta t}\}$ 为等效热荷载向量；

通过求解以上的线性方程组可以得到节点的位移向量，进一步可得温度应力。

2.6　混凝土结构裂缝控制

2.6.1　裂缝的种类

混凝土是由水泥浆、砂子和石子组成的水泥浆体和骨料的两相复合型脆性材料。存在着两种裂缝：肉眼看不见的微观裂缝和肉眼看得见的宏观裂缝。

微观裂缝是混凝土本身就有的，主要有三种形式的微裂缝：砂浆与石子粘结面上的裂缝、穿越砂浆的微裂缝、穿越骨料的微裂缝。后两种是在第一种裂缝的基础上加荷而逐渐形成的。由于微观裂缝的存在，尽管水泥浆体和骨料单独受力，各自表现出线性的应力应变关系，但混凝土整体却会呈现出非线性的应力应变关系。

　　混凝土的宏观裂缝是肉眼可见的,按裂缝成因有荷载裂缝、变形裂缝、施工裂缝、碱骨料反应裂缝。根据它们在结构中的分布区域,一般可分为基础贯穿裂缝、深层裂缝、表面裂缝、网状裂缝和劈头缝等几类。

　　(1) 基础贯穿裂缝:基础贯穿裂缝位于坝体的基础部位,裂缝的宽度大并穿过几个浇筑层,这类裂缝一般发生在坝体浇筑后期整体降温的过程中,或者长间歇的基础浇筑层受到气温骤降以及内部降温的联合作用。裂缝多是由于基础约束限制了坝体底部位移的缘故。

　　(2) 深层裂缝:深层裂缝限于坝体表层,但其深度及长度都较大。这类裂缝一般发生在大坝施工过程中,多为长间歇浇筑层顶面不断受到气温骤降作用或者长期暴露受气温变化引起的内外温差与气温联合作用,或浇筑层底部成台阶状造成的。

　　(3) 表面裂缝:表面裂缝是大体积混凝土最常见的裂缝,分为水平裂缝和竖直裂缝,其长度和深度都较小,并未贯穿整个仓面及浇筑层。这类裂缝主要是坝体浇筑过程中,浇筑块的表面在气温骤降过程中未做好表面的保温导致的,多发生在浇筑早期,具有规律性。

　　(4) 网状裂缝:网状裂缝一般发生在坝块的暴露面,裂缝形态和分布极不规则,且深度很浅,高标号混凝土在早期极易产生这类裂缝。这类裂缝实际上是由于混凝土浇筑后养护不善,表面干缩引起的,所以混凝土浇筑表面,特别是高标号混凝土,必须及时进行保湿养护。

　　(5) 劈头缝:劈头缝是发生在坝体上游面的竖向裂缝,它虽然从性质上不能单独列为一类,但因其发生位置的特殊性,对结构带来的危害程度相当大。

　　事实上,裂缝的性质是可以转化而不是固定不变的,表面裂缝可以发展成为深层裂缝甚至是贯穿裂缝;劈头缝一般在早期也只是发生在坝体上游面的面板裂缝,但由于其长期暴露,受气温不断变化以及骤降作用,尤其是蓄水后受水温以及渗透水压的作用,向纵深方向发展而成的。

　　贯穿裂缝切断了结构断面,可能破坏结构整体性和稳定性,其危害是相当严重的,如果与坝块迎水面相通,还可能引起漏水。深层裂缝部分地切断了结构断面,也有一定的危害性。表面裂缝和网状裂缝只要控制其向深层裂缝方向发展,危害就不会很大。

2.6.2　混凝土结构产生裂缝的原因

1. 损伤-断裂破坏机理

　　混凝土是一种非均匀的多相颗粒复合材料,由硬化水泥浆、细骨料和粗骨料混合而成,并含有各种形状的空隙,其中的粗骨料(石子)、细骨料(砂)和水泥浆体的组成、分布及结合状态都具有高度的随机性。骨料、水泥浆体和混凝土的力学性能各不相同，水泥浆体和骨料显示出脆性性质，而普通混凝土在较低的拉应力下与应变之间已偏离线性，并在峰值载荷后按曲线规律下降。因而，只能在宏观上将混凝土作为均质和各向同性的材料，其力学性能如强度、弹模等，也只是在统计意义上才具有相对稳定的数值。

混凝土的破坏机理，现在国内外学者普遍认为是混凝土在浇筑、成形过程中不可避免的存在着毛细孔、空隙及材料的裂隙等缺陷，在外界因素作用下，这些缺陷部位将产生高度的应力集中，并逐渐发展，形成混凝土体中的微裂纹。另一方面，混凝土体中各相的结合界面是最薄弱的环节，在外界因素作用下，将脱开而形成界面裂隙，并发展成微裂纹。若外界因素继续作用，混凝土体中的微裂纹将经过汇集、贯通等过程而形成宏观裂缝。同时，宏观裂缝的端部又因应力集中而出现新的微裂纹，甚至出现微裂纹区，这又将发展成新的宏观裂缝或体现为原有宏观裂缝的延伸。如此反复交替，宏观裂缝必将沿着一条最薄弱的路径逐渐扩展，最后使混凝土完全断开而破坏。因此，硅材料的破坏过程实际上是损伤、损伤积累、宏观裂缝出现、损伤继续积累、宏观裂缝扩展交织发生的过程。

不论外界因素作用引起的效应是拉、压、剪或扭，混凝土体破坏的过程都是相类似的。如果引起的效应是拉，则微裂纹或微裂缝将沿与之正交的方向扩展；如为压，则沿与之平行的方向扩展；如为剪或扭，则将沿剪应力的方向滑动扩展。显然，在非均匀应力场的混凝土体中上述微裂纹的产生与扩展以及宏观裂缝的出现和扩展，都将首先在高应力区发生，甚至只集中发生在高应力区，因为当高应力区中裂纹或裂缝扩展时，对相邻的低应力区产生卸载效应，因此，该区域内的裂纹和裂缝不可能再继续发育和发展，甚至会引起逆效应，如原来已张开的裂缝可能重新闭合。

混凝土材料是由水泥砂浆与粗骨料混合而成的混合物，由于其特有的水化性质使得混凝土结构在施工期就经历了升温和降温两个过程。混凝土中由于水泥砂浆与骨料热膨胀系数的不同，在升温过程中温度荷载作用下水泥砂浆与骨料所形成的界面首先产生损伤，并随温度增加而发展，因此形成界面裂纹，当继续增加的温差达到某一数值后，界面裂纹便向水泥砂浆中延伸。在以后的降温过程中界面裂纹与水泥砂浆中的微裂纹继续发展，以致发展成宏观裂缝，并可能导致混凝土结构发生断裂破坏。所以对于大体积混凝土结构的施工期来说，早期水化热引起的升温亦是不利的，在连续升温过程中产生的损伤导致了大量的界面裂纹和水泥砂浆中的裂纹，由于损伤是不可恢复的，故在以后的降温过程中，所形成的界面裂缝不会消失，而且降温过程中不仅原有的微裂纹会发展，同时也会产生新的微裂纹。

2. 混凝土结构裂缝成因

从宏观上讲,混凝土结构产生裂缝的原因有以下几个方面:

1) 水泥水化热因素

混凝土中的水泥在水化过程中会释放出大量的热量,由于水工建筑中大体积混凝土较多,其结构的断面较厚,表面系数也相对较小,很容易对混凝土的导热产生阻碍。水泥水化时,热量如果不能快速散发出去,便会聚集在混凝土结构的内部,产生较大的内外温度差。在混凝土浇筑的初期,水泥水化热所引起的变形应力不大,不会过早地产生温度裂缝。但随着混凝土龄期的增长,混凝土的降温收缩变形应力就会越来越强,当这种应力超过了混凝土的抗拉强度时,混凝土表面就会形成裂缝。

2) 结构超载因素

混凝土结构容易在地基不稳或者构件超载的状态下产生裂缝。当混凝土结构超载运行时,会造成结构的变形或受力不均,长期的超载运行就会导致裂缝的产生。通常这种裂缝存在于构件受弯矩较大的部位或者构件的薄弱部位。这种裂缝一般呈条状不均匀分布,其扩展通常也是沿着钢筋的垂直方向或者倾斜方向。超载裂缝产生的原因,可能是施工时,构件受到了过高的施工荷载,也可能是由于上部建筑物的施工时间过早。

3) 原材料因素

混凝土的施工原材料也是导致其产生裂缝的主要原因,施工中有可能使用了质地不良、水灰比不稳定的原材料,使混凝土的稳定性降低,在工程完成以后便会有裂缝相继出现;另外,由于混凝土在运输及浇筑环节中出现离析现象,而没有及时采取措施加以补救,使混凝土的性能发生变化,也容易导致裂缝的出现。

4) 湿度因素

混凝土内外湿度变化不平衡也容易导致裂缝的产生,混凝土内部的湿度变化较慢,如外部的湿度变化很大,就会使混凝土表面产生干缩裂缝。导致干缩裂缝的原因有可能是由于养护工作不到位,使混凝土表面干缩变形受到内部混凝土体的约束。当这种约束小于外部干缩变形的应力时,就会产生裂缝。

2.6.3　混凝土结构产生裂缝的危害

对进水塔这样的大体积结构,产生裂缝将严重影响结构的整体性和安全性,具体来说其危害性有以下几个方面。

1) 产生渗漏

混凝土裂缝将使进水口产生渗漏。渗漏的结果,一方面在压力水作用下使裂缝逐步扩宽和发展;另一方面当水渗入混凝土内部后将一部分水泥中的 $Ca(OH)_2$

溶解,$Ca(OH)_2$ 被溶蚀后会促使水泥水化物的水解。首先引起水解破坏的是水化硅酸三钙和水化硅酸二钙的多碱性化合物,然后是低碱性的水化产物(如 $CaO \cdot SiO_2 \cdot aq$)的破坏,由此可能导致混凝土结构物的破坏。根据调查,由裂缝引起的各种不利结果中,渗漏水占 60%。

2) 加速混凝土碳化

混凝土裂缝的存在,使空气中的二氧化碳极易渗透到混凝土内部与水泥的某些水化产物相互作用形成碳酸钙,这就是常说的混凝土碳化。在潮湿的环境下二氧化碳能与水泥中的氢氧化钙、硅酸三钙、硅酸二钙相互作用并转化成碳酸盐,中和水泥的基本碱性,使混凝土的碱度降低,使钢筋纯化膜遭受破坏,当水和空气同时期渗入时,钢筋就产生锈蚀。同时由于混凝土碳化会加剧混凝土收缩开裂,导致混凝土结构物破坏。

国内外大量的研究资料表明,在非侵蚀介质和正常的大气条件下,混凝土碳化深度 D 与时间 t 的平方根成正比,混凝土碳化特性曲线,可用幂函数方程表示为

$$D = \alpha\sqrt{t} \tag{2-60}$$

式中,α 为碳化速度系数,它与混凝土的水泥含量、水灰比、骨料品种及混凝土的渗透性能等密切相关。根据中国科学院混凝土研究所提供的资料,对普通混凝土 $\alpha=2.32$;对轻骨料混凝土 $\alpha=4.18$。由此可见,轻骨料混凝土由于其内部多孔性的影响,其碳化速度比普通混凝土快 $0.8\sim1.0$ 倍。

碳化深度 D 和碳化速度系数 α 是用来表征混凝土碳化特征的主要指标,称为碳化特征值,D 和 α 越大,混凝土越易碳化。但由于某种原因影响混凝土碳化的因素十分复杂,D 和 α 并不能真正表示在某种影响因素作用下混凝土碳化特征值。

通常在空气中二氧化碳的浓度很低时,混凝土的碳化速度非常缓慢,但当混凝土不密实或布满裂缝时,则可能在 $1\sim2$ 年内就使混凝土钢筋保护层完全碳化。

3) 降低混凝土抵抗各种侵蚀介质腐蚀的能力

混凝土腐蚀有三种类型:

(1) 溶蚀型混凝土腐蚀。即当水通过裂缝渗入混凝土内部或是软水与水泥石作用时,将一部分水泥的水化产物(如 $Ca(OH)_2$)溶解并流失,引起混凝土破坏。

(2) 酸盐(酸性液体)腐蚀和镁盐腐蚀。这类腐蚀的主要生成物是不具有胶凝性且易被水溶解的松软物质。这类物质能被通过裂缝或孔隙渗透入混凝土内部的水所溶蚀,使混凝土中的水泥石遭到破坏。

(3) 结晶膨胀型腐蚀。它是混凝土受硫酸盐的结晶作用,在裂缝和混凝土孔隙中形成低溶解度的新生物,逐步累积后将产生巨大的应力使混凝土遭受破坏。

4) 影响混凝土结构物的结构强度和稳定性

混凝土裂缝直接影响混凝土结构物的结构强度和整体稳定性。轻则会影响建

筑物的外观、正常使用和耐久性,严重的贯穿性裂缝则可能导致混凝土结构物的完全破坏。

5) 加快钢筋的腐蚀

混凝土的裂缝使混凝土对钢筋的保护作用削弱,在裂缝部位,水和空气等物质和钢筋直接接触,钢筋很容易受到腐蚀,钢筋遭到腐蚀后,抗拉性能减弱,裂缝进一步扩大,形成更大的危害。

2.6.4　混凝土温控防裂措施

1. 降低混凝土绝热温升

1) 使用低热水泥

由于矿物成分及掺加混合材数量不同,水泥的水化热差异较大。铝酸三钙(C_3A)和硅酸三钙(C_3S)含量高的,水化热较高;混合材料掺量多的水泥水化热较低。为降低混凝土绝热温升、减小体积变形,大体积混凝土在满足混凝土设计要求的前提下,一般采用低热水泥。

2) 降低水泥用量

水泥产生的水化热是大体积混凝土产生温度梯度而导致体积变化的主要原因。因此,除采用低热水泥外,要减少温度变形,在满足混凝土设计要求的前提下还应尽量降低水泥用量。

3) 掺粉煤灰

粉煤灰的水化热远小于水泥,7 天约为水泥的 1/3,28 天约为水泥的 1/20,掺加粉煤灰减小水泥用量可有效降低水化热约 15%。大体积混凝土的强度通常要求较低,允许掺较多的粉煤灰。另外,优质粉煤灰的需水性小,有减水作用,可降低混凝土的单位用水量和水泥用量,还可减小混凝土的自身体积收缩,有的还略有膨胀,有利于防裂。

2. 降低骨料温度及混凝土入仓温度

(1) 提高骨料堆放高度,并在料仓和混凝土运输车辆上搭设防阳棚。

(2) 袋装水泥库房加强通风,尽量降低库房温度。

(3) 控制混凝土入仓温度,必要时可以采取在混凝土拌和用水中加冰的措施。

3. 合理分层分块浇筑,并进行通水冷却

分层分块浇筑是将基础混凝土分缝、分块、分期浇筑。混凝土坝的体积异常庞大,施工中必须用纵横接缝把坝体分割成许多块体,并以水平缝将每一坝块分成许多浇筑层。分缝分块有两方面的目的:一是为了便于施工,将庞大的坝体逐块逐层

地进行浇筑;同时为了防止裂缝,减小基础块的尺寸,增加散热面,从而降低施工期间的温度应力,以减小产生裂缝的可能性。

为了更好的降低混凝土内部温度,还可以采取预先埋设冷却水管,在浇筑过程中进行通水冷却的措施。

4. 采用混凝土面层保温措施

在基础底板、迎水面混凝土等温控要求严格的部位,模板拆除后即贴泡沫板,减少混凝土内外温差,保温时间不少于 28 天。在大体积混凝土工程实践中,目前对于水平面的保温还不够重视。一般只认为在冬季进行表面保温,可以防止混凝土受冻,而在其他季节就没有保温的必要。事实上,如果混凝土水平面直接暴露于大气中,气温的变化将引起混凝土表面温度的变化。在这种情况下,外界气温的变化是短时间的,因此混凝土材料的徐变变形难以充分发挥。根据混凝土早期极限拉伸变形值推算,只要混凝土表面温度骤降 5～7℃,就可能引起裂缝。采用保温法控制温度的基本原理是利用混凝土的初始温度加上水泥水化热的温升,在缓慢的散热过程中(通过人为控制),使混凝土获得必要的强度。

5. 合理组织施工

在施工过程中精心安排混凝土施工时间,在高温季节施工时,混凝土浇筑时间尽量安排在 16 时至翌日上午 10 时前进行,以减少混凝土温度回升。新旧混凝土浇筑间隔时间为 5～7 天,相邻浇筑坝块高差控制在 8m 以内。

2.6.5 混凝土裂缝修补技术

水工建筑混凝土裂缝处理施工应在裂缝开度最大时进行,其处理方法主要有七种,分别是喷涂法、粘贴法、充填法、灌浆法、浸渍法、置换法和加固法。

1. 喷涂法

这种方法比较适用于早期,且宽度小于 0.3mm 的表面裂缝的处理。对混凝土裂缝进行表面修补,能够改善构件表面的美观性和耐久性。修补时首先将裂缝附近的混凝土凿毛并清洗干净,刷去松动颗粒,使之充分干燥,然后沿着混凝土裂缝表面喷涂薄膜材料,喷涂材料可选用环氧树脂类、聚酯树脂类、聚氨酯类、沥青类等涂料。其中环氧树脂类主要是指环氧树脂浆液,在里面加入一定比例的固化剂、稀释剂、增韧剂等混合而成,硬化后,粘结力强,收缩性小,强度高,稳定性好,有利于发挥抗渗、抗冲、抗气蚀等能力。环氧树脂因有毒性,故在配制浆液和施工中应注意防护。

2. 粘贴法

当裂缝为表层裂缝时,可以直接在结构物的表面使用粘贴法;当裂缝为贯穿性裂缝时,要在使用粘贴法之前先进行灌浆。粘贴法选用的材料有橡胶片材、聚氨乙烯片材和玻璃布等,是一种不以恢复结构功能为目的的处理方法。玻璃丝布的厚度一般为 0.2~0.4mm,其层数视具体情况而定,一般粘贴 2~3 层即可。要求玻璃丝布的上层比下层稍宽 10~20mm,以便于压边。

粘贴法在施工时,要在裂缝宽度窄的部位,用树脂材料充填平整较大的气孔,用铜线刷打毛混凝土表面,用水清洗后再令其干燥,然后粘贴刷有粘结剂的片材,在修补表面涂刷一层树脂基液。

3. 充填法

在处理水工建筑混凝土裂缝的时候,要正确认识充填法适用的范围,保证其是针对缝宽大于 0.3mm 的表层裂缝的处理,还需要根据裂缝的性质,选择合适的充填材料。如果裂缝发展到较宽的程度,可采用充填法进行修补,可沿着裂缝将混凝土表面凿成 V 形槽或 U 形槽,并将槽的表面处理干净,然后采用树脂砂浆材料填充密实,也可以使用水泥砂浆、沥青等填充材料。例如,当裂缝性质属于活缝时,需要选择弹性环氧砂浆和弹性嵌缝材料等弹性材料;当裂缝性质属于死缝时,需要选择环氧砂浆、水泥砂浆、聚合物水泥砂浆等刚性充填材料。

(1) 活缝处理施工。活缝处理施工时,要铺设隔离膜,在槽底用砂浆找平,清洗干净裂缝周围的部位,沿裂缝凿宽、深均为 5~6cm 的 U 形槽,在槽侧面嵌填弹性材料,涂刷胶粘剂。

(2) 死缝处理施工。死缝处理施工,应在槽面涂刷基液,这样才能确保槽面处于干燥状态。还要沿裂缝凿宽、深 5~6cm 的 V 形槽,向槽内充填修补材料,并清洗干净、压实抹光。

4. 灌浆法

灌浆法适用于深层裂缝的贯穿裂缝的处理,分为化学灌浆和水泥灌浆两种。

(1) 化学灌浆。目前,在水工建筑混凝土裂缝的处理中,化学灌浆以其独特的优势,被人们广泛应用。化学灌浆适用于细缝和渗水缝,但应特别重视选择材料的灌浆工艺。对涌水缝的补强,可选用聚氨酯材料;对不需恢复结构的渗水缝,可用丙凝、丙烯酸盐浆材料。

(2) 水泥灌浆。水泥灌浆是一种在实际施工中比较常见的方法,主要用于裂缝补强,一般用于大于 2mm 的裂缝,对于不规则且缝宽较小的裂缝,使用该方法会不利行浆。随着社会经济的大力发展,水泥灌浆使用的水泥材料越来越多,例如,超细水泥和湿磨水泥,将在处理更小的裂缝上面更加具有优势。

5. 浸渍法

浸渍法使用的修补材料有很多,主要用于比较密集的表面细缝的处理,目前广泛使用的有高分子材料和无机材料。高分子材料主要是以甲基丙烯酸甲脂为主,无机材料有 M1500 等。其中以甲基丙烯酸甲脂为主的高分子材料具有一定的毒性,价格较高,且工艺复杂,施工要求更加严格。M1500 是一种无机盐类的液体防腐材料,无毒,操作工艺简单、方便,使用它在处理裂缝时,会形成一种微粒,将裂缝孔隙堵塞,达到耐久性、密封性的目的。

6. 置换法

置换法通常应用在混凝土裂缝破坏程度较重,且严重威胁到结构安全时。置换法是将裂缝严重的混凝土剔除,再置换成新的混凝土或者其他可替代混凝土的材料。一般使用的置换材料有普通的混凝土或者水泥砂浆、聚合物或者改性聚合物混凝土等。

7. 加固法

如果裂缝过深并影响到了结构的安全性,可采用围套加固法、钢箍加固法或粘贴加固法等对结构进行加固。围套加固法是在能够满足周围尺寸的前提下,在结构外部的一侧或者多侧进行钢筋混凝土围套的外包,从而增加钢筋的截面,以提高其承载力。这种方法对于裂缝严重但尚未破碎裂透的混凝土结构比较有效。粘贴加固法是将钢板或型钢用改性的环氧树脂或者粘合剂,粘结到混凝土裂缝部位,使其与混凝土联结成一体。钢箍加固是在结构的裂缝部位加设 U 形螺栓或型钢套箍等将构件箍紧,预防裂缝的发展和扩大。无论采用哪种结构加固法,都需要经过严密的设计和验算才能实施。

参 考 文 献

蔡佳骏,李之达,易辉,等. 2005. ANSYS 二维弹塑性分析在联拱隧道围岩稳定性评价中的应用[J]. 水利与建筑工程学报,3(1):10-14,19.

曹宏亮. 2010. 大体积混凝土结构施工期数值模拟与防裂技术研究[D]. 郑州:郑州大学硕士学位论文.

陈辰,吴震宇. 2013. 混凝土热力学参数反分析的响应面遗传算法[J]. 人民长江,44(17):80-82.

陈峰,郑建岚,俞柏良. 2008. 新老混凝土粘结的约束收缩有限元模拟及分析[J]. 华中科技大学学报(城市科学版),25(4):219-222.

陈国华. 2013. 浅谈水利施工中混凝土裂缝产生的分类、原因及处理方式[J]. 科技创新与应用,18:174.

陈晶琦. 2013. 大体积混凝土裂缝产生的原因及预防措施[J]. 中国新技术新产品,20:134.

陈蕾. 2012. 大型船坞工程施工期结构有限元分析研究[D]. 扬州:扬州大学硕士学位论文.

陈立新,陈芝春. 2008.寒潮期间大体积混凝土保温研究[J].三峡大学学报(自然科学版),30(4):15-17.

陈鹏飞. 2007.利用 MgO 混凝土解决重力坝温度应力问题的应用研究[D].西安:西安理工大学硕士学位论文.

陈群山. 2011.大体积混凝土施工过程中的水化热分析及裂纹控制[D].武汉:华中科技大学硕士学位论文.

代占平,陈炎桂,曹银真. 2013.高温地区大体积混凝土的配合比设计及温控指标探讨[J].中国水运(下半月),13(9):326-328,330.

戴跃华,薛继乐. 2007.ANSYS 在土石坝有限元计算中的应用[J].水利与建筑工程学报,5(4):74-76,86.

邓光华. 2013.大体积混凝土温度控制与裂缝预防措施[J].经营管理者,22:374.

邓旭. 2013.大体积混凝土温度场一维差分算法探讨[J].河南科技,8:157-158.

丁兵勇,朱岳明. 2007.墩墙混凝土结构温控防裂研究[J].三峡大学学报(自然科学版),29(5):402-406.

丁建兴. 2013.浅谈大体积混凝土浇筑温度裂缝产生原因和控制方法[J].发展,9:123.

丁晓. 2009.大体积混凝土结构水管冷却问题的研究[D].北京:华北电力大学硕士学位论文.

樊悦. 2010.跳仓浇筑的水电站厂房坝段温度应力仿真分析[D].西安:西安理工大学硕士学位论文.

丰文意. 2013.水工建筑裂缝原因及处理研究[J].建筑安全,5:26-29.

高会晓,宁喜亮,丁一宁. 2013.核电站大体积混凝土早龄期裂缝的影响因素[J].建筑技术,44(5):394-398.

宫经伟. 2013.水工准大体积混凝土分布式光纤温度监测与智能反馈研究[D].武汉:武汉大学博士学位论文.

关云航,余意. 2013.大体积混凝土降温过程中的一些典型问题[J].水电与新能源,5:39-41.

郭磊,朱岳明,朱明笛. 2010.高性能混凝土徐变系数公式设计 [J].四川大学学报(工程版),42(2):75-81.

郭晓娜,段亚辉,陈同法. 2004.输水隧洞衬砌混凝土施工期温度观测与应力分析[J].中国农村水利水电,7:53-55.

韩燕,黄达海,王汉姣. 2007.高拱坝混凝土二期冷却优化研究[J].云南水力发电,29(2):53-57.

何守国,熊永红. 2013.大体积混凝土裂缝控制的要点[J].商品混凝土,4:84-87.

胡炜. 2013.大体积混凝土预埋冷却水管降温施工技术[J].铁道建筑技术,6:24-27.

花力. 2013.基于温度裂缝控制的特大超厚混凝土施工[J].建筑施工,6:469-471.

黄绵松,安雪晖,陆佑楣. 2008.热棒在混凝土温控中应用的试验研究[J].三峡大学学报(自然科学版),30(3):6-9.

吉顺文,朱岳明,许朴,等. 2008.龙口混凝土重力坝齿槽及长间歇期仓面防裂研究[J].三峡大学学报(自然科学版),30(2):12-15.

贾福杰. 2011.混凝土半绝热温升试验与有限元模拟计算的研究[D].中国建筑材料科学研究总院.

贾君玉. 2012.混凝土裂缝扩展仿真系统研究[D].大连:大连理工大学硕士学位论文.

江昔平,刘洋,刘阳,等. 2013.埋设铝塑管的大体积混凝土裂缝控制机理与力学性能研究[J].建筑结构,43(13):67-70,94.

姜维琦. 2013.浅谈大体积混凝土施工措施[J].化工管理,18:51.

蒋卓良,李洁. 2013.大体积混凝土温度裂缝分析及应对措施[J].中国水运(下半月),13(5):263-265.

康占锋. 2007.考虑粘结滑移的钢筋混凝土非线性有限元分析方法研究[D].重庆:重庆大学硕士学位论文.

康照刚. 2013.大体积混凝土配合比设计及温度控制计算[J].广东建材,9:95-97.

况冰. 2013.浅议水工混凝土裂缝的预防与处理[J].中国水能及电气化,11:20-22.

李爱学. 2013.大体积混凝土施工质量控制要点[J].商品混凝土,9:90-91.

李慧,蔡文明,杜永峰. 2013.大体积混凝土底板预埋钢管施工的仿真分析[J].系统仿真学报,25(2):361-366.

李吉庆. 2013. 大体积混凝土裂缝的控制探析[J]. 工程科技, 9: 43.

李建. 2013. 于曹闸闸底板、闸墩大体积混凝土温控与防裂措施[J]. 河南水利与南水北调, 14: 39-40.

李九红, 何劲, 简政, 等. 2002. 水电站表孔闸墩施工期温度应力仿真分析[J]. 水利学报, 9: 117-122.

李克江. 2009. 大体积混凝土温度裂缝分析与工程应用[D]. 天津: 天津大学硕士学位论文.

李士民. 2012. 混凝土温度效应下的损伤塑性耦合数值模拟与应用研究[D]. 沈阳: 沈阳工业大学硕士学位论文.

李守义, 冯海波, 陈尧隆. 2003. 浇筑温度对碾压混凝土重力坝温度应力的影响[J]. 中国农村水利水电, 8: 58-60.

李文成. 2013. 大体积混凝土施工降温保湿措施运用[J]. 发展, 9: 118.

李晓军. 2008. 基于有限单元法的高拱坝体形优化设计[D]. 西安: 西北农林科技大学硕士学位论文.

李增义, 李爱英. 2013. 大体积混凝土温度监测与裂缝控制技术. 交通世界, 17: 267-268.

李政鹏. 2012. 大体积混凝土温控防裂相关问题研究[D]. 郑州: 郑州大学硕士学位论文.

连惠坦. 2013. 基于温度应力效应下大体积混凝土裂缝防控策略探析[J]. 江苏建材, 5: 27-29.

梁嘉彬. 2011. 高原环境下冬季大体积混凝土防裂技术研究[D]. 兰州: 兰州交通大学硕士学位论文.

梁娟. 2009. 溢洪道闸室温度场及温度应力研究[D]. 西安: 西安理工大学硕士学位论文.

梁太京. 2013. 高温环境下真纳水电站大体积混凝土温控[J]. 红水河, 32(4): 27-31.

刘斌, 何蕴龙, 万彪. 2008. 七里塘碾压混凝土拱坝温度场仿真分析[J]. 水利与建筑工程学报, 6(3): 55-57, 61.

刘军辉, 任先松, 蔡利兵, 等. 2013. 高温条件下大体积混凝土施工技术[J]. 混凝土, 9: 144-146, 150.

刘平. 2013. 大体积混凝土施工钢管架冷却水循环降温技术分析[J]. 中外建筑, 10: 151-153.

刘石. 2013. 双曲拱坝混凝土本构关系和损伤识别研究[D]. 长春: 吉林大学博士学位论文.

刘桐, 康笑语, 李玉寿. 2013. 防辐射大体积混凝土温度场及温度应力有限元分析及应用[J]. 混凝土与水泥制品, 6: 62-65.

刘西军. 2005. 大体积混凝土温度场温度应力仿真分析[D]. 杭州: 浙江大学博士学位论文.

刘晓云. 2013. 大体积混凝土施工温控分析及温控措施[J]. 四川水利, 5: 16-19.

刘亚基. 2011. 大体积混凝土浇筑块温度应力场仿真分析[D]. 昆明: 昆明理工大学硕士学位论文.

刘远长. 2012. 混凝土结构施工阶段温度场分析及温控措施研究[D]. 北京: 北京交通大学硕士学位论文.

刘志勇. 2008. 大体积混凝土水闸墙温度场有限元分析[J]. 徐州工程学院学报(自然科学版), 23(4): 7-10, 14.

刘忠友. 2013. 超缓凝砂浆在船闸大体积混凝土中的应用[J]. 中国港湾建设, 5: 68-70.

卢玉林, 魏佳, 梁永朵, 等. 2010. 基于有限元法的混凝土固化期温度场分析[J]. 混凝土, 9: 23-25.

栾尧, 阎培渝, 杨耀辉, 等. 2008. 大体积混凝土水化热温度场的数值计算[J]. 工业建筑, 2: 81-85.

马俊. 2013. 基于ANSYS的现浇混凝土楼板裂缝分析[J]. 科技创新与应用, 8: 183.

马涛. 2009. 混凝土坝冷却水管初期冷却效果研究[D]. 西安: 西安理工大学硕士学位论文.

马跃先, 陈晓光. 2007. 等效热传导方程在大体积混凝土水管冷却温度场计算中的应用[J]. 混凝土, 3: 102-103, 106.

缪昌文, 刘建忠, 田倩. 2013. 混凝土的裂缝与控制[J]. 中国工程科学, 15(4): 30-35, 45.

莫涛著, 李红. 2013. 大体积混凝土温控措施[J]. 城市建筑, 4: 75, 78.

牟明. 2013. 浅谈水工混凝土裂缝成因与修补[J]. 黑龙江科技信息, 2: 220.

乾东岳, 陈亚娇, 王超, 等. 2013. 船闸底板混凝土热力学参数反分析[J]. 水运工程, 3: 164-167.

强晟, 朱岳明, 陈樊建. 2007. 锦屏一级拱坝约束坝块高温季节施工温控仿真[J]. 三峡大学学报(自然科学版),29(2):97-100.

强晟,朱岳明,许朴,等. 2008. 南水北调高性能混凝土温度边界条件的试验研究[J]. 三峡大学学报(自然科学
　　版),30(3):10-12.

乔鑫位,朱佳莉. 2013. 乌江船闸闸室混凝土防裂措施[J]. 安徽水利水电职业技术学院学报,13(3):37-39.

秦福平. 2013. 大体积混凝土裂缝原因剖析及其对策研究[J]. 科技视界,31:117.

任潮刚,任智. 2013. 大体积混凝土基础底板温度裂缝控制技术[J]. 中华民居,18:124-125.

任强. 2013. 船闸工程大体积混凝土裂缝控制及对策[J]. 山西建筑,39(21):110-111.

邵战涛,朱岳明,王振红. 2007. 温度应力、自收缩对高性能混凝土早期开裂的影响[J]. 三峡大学学报(自然科
　　学版),29(6):522-524.

邵战涛,朱岳明,强晟,等. 2008. 高寒地区混凝土重力坝温控防裂研究[J]. 三峡大学学报(自然科学版),
　　30(1):6-8.

沈子微,周明. 2013. 水利工程中防止大体积混凝土裂缝的措施[J]. 山西科技,28(5):140-141.

盛齐. 2013. 大体积混凝土温控技术处理探讨[J]. 科技与企业,2:177.

盛文仲. 2013. 大体积混凝土温度裂缝计算及控制[J]. 山西建筑,39(27):70-71.

司政,李守义,黄灵芝,等. 2013. 氧化镁微膨胀混凝土对温度应力的补偿效应[J]. 西北农林科技大学学报(自
　　然科学版),41(5):228-234.

宋佩峰. 2007. 有限单元法在拱坝体形优化设计中的应用研究[D]. 西安:西安理工大学硕士学位论文.

宋伟. 2012. 相变材料在大体积混凝土中的试验研究[D]. 北京市市政工程研究院.

苏有文,古松. 2010. 大体积混凝土施工过程温度应力场监测及有限元分析[J]. 浙江工业大学学报,38(4):
　　442-447.

睢福猛,张桂贤. 2010. 大体积混凝土温度裂缝控制技术研究[J]. 内蒙古科技与经济,2:112-114.

孙红兵,俞阿龙. 2013. 基于无线传感网络的大体积混凝土裂缝监控技术[J]. 传感技术学报,26(3):415-420.

孙家瑛,眭少峰. 2008. 上海长江隧桥斜拉桥承台大体积混凝土温度及应力监测分析[J]. 混凝土与水泥制品,
　　1:10-12.

孙为民. 2013. 水工混凝土温控与湿控[J]. 水利科技与经济,19(7):100-101.

谭广柱,刘书贤,张弛,等. 2013. 大体积混凝土温度应力场变化分析[J]. 土木工程与管理学报,30(1):20-
　　24,44.

田振华,程琳,魏超. 2011. 大体积混凝土工程温度场及应力场仿真分析[J]. 水电能源科学,29(2):76-78.

汪军,金毅勐,褚青来,等. 2013. 关于高寒地区基础约束区混凝土温控标准的讨论[J]. 水利水电技术,
　　44(60):82-85.

汪卫明,沙莎. 2013. 混凝土细观力学仿真分析的块体元—有限元耦合方法[J]. 武汉大学学报(工学版),
　　46(5):562-571.

王东. 2011. 施工期大体积混凝土温度场与应力场有限元分析[D]. 乌鲁木齐:新疆农业大学硕士学位论文.

王海荣,李克光,吕国柱. 2006. 框支转换梁混凝土温度裂缝的控制[J]. 水利与建筑工程学报,4(1):48-50.

王宏亮,赵建勋. 2013. 浅析高温季节基础约束区大体积混凝土施工措施[J]. 河南科技,20:34-35.

王建,刘爱龙. 2008. ABAQUS在大体积混凝土徐变温度应力计算中的应用[J]. 河海大学学报(自然科学
　　版),36(4):532-537.

王建伟,周俊峰,吴浪. 2013. 大体积混凝土温度场控制分析[J]. 广州建材,3:36-37.

王军,郝宪武,李峰,等. 2013. 考虑管冷的混凝土水化热温度场的有限元分析[J]. 广西大学学报(自然科学
　　版),38(04):929-935.

王军,向光明. 2013. Kriging算法在混凝土坝温度场重构中的应用分析[J]. 水利科技与经济,19(4):34-36.

王雷,董献国,胡晓曼. 2013. 某水利工程大体积混凝土测温试验分析[J]. 治淮,4:31-32.

王敏,苟东亮,刘毅. 2007. 苏通大桥超高混凝土索塔温度梯度效应研究[J]. 三峡大学学报(自然科学版), 29(4):321-324.

王祥英. 2013. 大体积混凝土裂缝控制及处理[J]. 科技风,12:137.

王新刚,高洪生,闻宝联. 2009. ANSYS计算大体积混凝土温度场的关键技术[J]. 中国港湾建设,1:41-44.

王新虎. 2011. 大体积混凝土的温度控制及施工工艺研究[D]. 青岛:中国石油大学硕士学位论文.

王玉洲. 2012. 大体积混凝土内外温差限值的研究[D]. 西安:西安建筑科技大学硕士学位论文.

吴德均. 2013. 大体积混凝土温度监测与防控技术[J]. 工业建筑,S1:799-803.

吴华君. 2011. 大体积混凝土结构裂缝控制措施研究[D]. 杭州:浙江工业大学硕士学位论文.

吴家冠,段亚辉. 2007. 溪洛渡水电站导流洞边墙衬砌混凝土通水冷却温控研究[J]. 中国农村水利水电,9: 96-99.

吴学庆. 2009. 某水闸工程混凝土温度控制与防裂研究[D]. 西安:西安理工大学硕士学位论文.

吴永斌. 2013. 浅析水工混凝土裂缝原因及应对措施[J]. 水利规划与设计,4:75-77.

武立群. 2012. 混凝土箱梁和空心高墩温度场及温度效应研究[D]. 重庆:重庆大学博士学位论文.

向建. 2008. 桑郎碾压混凝土拱坝温度应力仿真分析[J]. 中国农村水利水电,8:108-111,113.

谢微. 2011. 混凝土结构温度应力仿真分析中施工过程模拟[D]. 北京:华北电力大学硕士学位论文.

谢云贺,郭杰,孟宪龙. 2013. 大体积混凝土裂缝控制技术在施工中的应用[J]. 工程质量,31:264-267.

解荣. 2011. 大体积混凝土温度监控的研究[D]. 西安:长安大学硕士学位论文.

信邵阳,吴姜军,刘合义. 2013. 混凝土产生裂缝的原因及预防措施[J]. 河南水利与南水北调,18:92-93.

徐平根. 2013. 水工混凝土裂缝成因分析及对策[J]. 科技与企业,03:189.

许朴,朱岳明,贾能慧. 2008. 聚苯乙烯泡沫塑料板保温能力的试验与反演分析[J]. 三峡大学学报(自然科学版),30(1):56-59.

薛城. 2010. 大体积混凝土施工期温度应力若干问题研究[D]. 北京:清华大学硕士学位论文.

杨东英. 2013. 基于未确知理论的超声法检测水工混凝土裂缝深度研究[J]. 河南水利与南水北调,13:62-63.

杨富瀛,冯晓琳,李晓萍. 2013. 三峡升船机塔柱混凝土温控防裂技术[J]. 中国工程科学,15(9):55-58,76.

杨剑,胡昱,金峰,等. 2013. 大体积混凝土结合层面初始温度赋值研究[J]. 水力发电学报,32(3):176-180.

杨磊. 2005. 混凝土坝施工期冷却水管降温及温控优化研究[D]. 武汉:武汉大学博士学位论文.

杨林. 2013. 筏板基础大体积混凝土施工技术研究[D]. 郑州:郑州大学硕士学位论文.

杨绍斌,苏怀平,张洪. 2013. 大体积混凝土入模温度控制研究[J]. 中国港湾建设,4:38-41.

尹剑麟. 2013. 混凝土的施工温度与裂缝[J]. 中华建设,11:148-149.

余成行,刘刚,徐有邻. 2007. 大体积混凝土温度及应变的测量与分析[J]. 混凝土,2:69-72.

云南交建公路工程建设有限公司. 2013. 水利工程大体积混凝土施工技术分析[J]. 经济管理者,10(上期):383.

曾懿. 2005. 混凝土拱坝三维非线性有限元分析及极限承载力计算研究[D]. 南昌:南昌大学硕士学位论文.

张传仓,杨利民,周艳勤,等. 2007. 大体积混凝土测温技术工程实践应用[J]. 混凝土,4:101-102.

张国新,金峰,罗小青,等. 2002. 考虑温度历程效应的氧化镁微膨胀混凝土仿真分析模型[J]. 水利学报,08:29-34.

张国新,刘有志,王振红,等. 2013. 基于现场温度实验的混凝土浇筑初期裂缝产生机理及防裂措施[J]. 水力发电学报,32(5):213-217.

张洪涛,宁进进. 2013. 大体积混凝土温度裂缝分析及其温度控制[J]. 科技创业家,1:32-33.

张克亮. 2013. 水利工程基础施工中大体积混凝土技术的应用[J]. 科技创新与应用,29:203.

张连春. 2010. 小云峰大坝大体积混凝土温控技术研究[D]. 哈尔滨:哈尔滨工业大学硕士学位论文.

张沛,惠颖,田贵泉,等. 2007. 混凝土箱梁浇筑温度场的实测分析及有限元模拟[J]. 混凝土,5:19-21.

张锐,常晓林,解凌飞,等. 2005. 混凝土拱坝施工期温度场研究[J]. 中国农村水利水电,6:39-42.

张少武,银佳男. 2013. 溪洛渡工程混凝土温控实践[J]. 吉林水利,4:57-59.

张涛,黄达海,王清湘,等. 2000. 沙牌碾压混凝土拱坝温度徐变应力仿真计算[J]. 水利学报,4:1-7.

张威. 2012. 大体积混凝土水化热温控分析[D]. 武汉:华中科技大学硕士学位论文.

张晓飞. 2009. 大体积混凝土结构温度场和应力场仿真计算研究[D]. 西安:西安理工大学博士学位论文.

张子明,王嘉航,姜冬菊,等. 2003. 气温骤降时大体积混凝土的温度应力计算[J]. 河海大学学报(自然科学版),31(1):11-15.

张子明,冯树荣,石青春,等. 2004. 基于等效时间的混凝土绝热温升[J]. 河海大学学报(自然科学版),5:573-577.

赵家成,王从锋. 2005. 浅谈远安橡胶坝工程混凝土施工[J]. 三峡大学学报(自然科学版),27(1):14-15,36.

赵雯. 2010. 水工结构大体积混凝土温度应力及裂缝控制研究[D]. 合肥:合肥工业大学硕士学位论文.

周储伟,孙玉林,兴辰. 2013. 混凝土细观温度损伤的一种新型扩展有限元模拟[A]. 中国力学学会结构工程专业委员会、中国力学学会《工程力学》编委会、新疆大学. 第 22 届全国结构工程学术会议论文集第 I 册[C]. 中国力学学会结构工程专业委员会、中国力学学会《工程力学》编委会、新疆大学,4:374-377.

周伟,韩云童,常晓林,等. 2008. 考虑施工期至运行期全过程温度荷载作用的高碾压混凝土拱坝结构分缝研究[J]. 水利学报,39(8):961-968.

周伟,李水荣,刘杏红,等. 2013. 混凝土试件温度裂缝的颗粒流数值模拟[J]. 水力发电学报,32(3):187-193.

周兆厚. 2013. 水利大坝工程混凝土施工常见质量问题及管理措施[J]. 科技与企业,19:206.

周志学. 2011. 大体积混凝土浇筑温度场的仿真分析[D]. 长沙:中南大学硕士学位论文.

朱伯芳. 2003. 考虑外界温度影响的水管冷却等效热传导方程[J]. 水利学报,3:49-54.

朱伯芳. 2006. 混凝土坝温度控制与防止裂缝的现状与展望[J]. 水利学报,37(12):1424-1432.

朱伯芳. 2007. 混凝土坝安全评估的有限元全程仿真与强度递减法[J]. 水利水电技术,38(1):1-6.

朱伯芳,张国新,许平,等. 2008. 混凝土高坝施工期温度与应力控制决策支持系统[J]. 水利学报,39(1):1-6.

朱大雷. 2006. 大体积混凝土温控防裂的有限元分析[D]. 哈尔滨:哈尔滨工程大学硕士学位论文.

朱丽娟,张子明. 2008. 江尖水利枢纽大体积混凝土施工仿真研究及温控措施[J]. 水利与建筑工程学报,6(2):1-4,7.

朱明笛,朱岳明. 2008. 后浇带对施工期闸墩混凝土温度和应力的影响[J]. 三峡大学学报(自然科学版),30(4):8-10.

朱秋菊. 2005. 闸墩混凝土结构温度应力分析及其应用[D]. 郑州:郑州大学硕士学位论文.

朱为勇,娄宗科. 2013. 大体积混凝土浇筑后温度变化的计算[J]. 建筑技术,44(5):402-405.

卓维松. 2013. 大体积混凝土温度监测技术[J]. 福建建材,4:20-21.

邹辉. 大体积海上风机基础混凝土水管冷却温度场有限元分析[J]. 可再生能源,31(5):56-60.

左宪章. 2012. 混凝土墩(塔)身早期温度裂缝控制研究[D]. 重庆:重庆交通大学硕士学位论文.

Anton K S. 2002. Concrete hydration, temperature development, and setting at early-ages[D]. The University of Texas at Austin.

Bentz D. P. 1998. Three 2 dimension computer simulation of Portland cement hydration and micro structural model[J]. Cement and Concrete Research,28(5):285-297.

Byfors J. 1980. Plain Concrete at Early Age [R]. Stock-holm: Swedish Cement and Concrete Research Institute.

Copeland L E ,Kant ro D L ,Verbeck G. 1962. Chemistry of Hydration of Portland Cement[A] . Energetic of the Hydration of Porland Cement Part Ⅲ[C]. Washing-ton D C:NBS Monograph:453.

Douigill J W. 1968. Some effects of thermal volume changes on the properties and behavior of concrete[J]. The Structure of Concrete,Cement and Concrete Associate London: 499-513.

Freiesleben H P,Pedersen E J. 1977. Maturity computer for controlling curing and hardening of concrete [J]. Nordisk Betong,1(19) :21-25.

Huo X M. 1997. Time-dpendent analysis and application of high performance concrete in bridges[D]. University of Nebraska.

James A G. 2002. Thermal and shrinkage effects in high performance concrete structures during construction [D]. The University of Calgary,Calgary,Albert.

Jennings H M. 2004. Colloid model of C-S-H and implications to the problem of creep and shrink age [J]. Materials and Structures,37(1): 59-70.

John J,O'Donnell,Eugene J. O'Brien. 2003. A new methodology for determining thermal properties and modeling temperature development in hydrating concrete[J]. Construction and Building Materials, (17): 189-202.

Kjellsen K O,Lagerblad B,Jennings H M. 1997. Hollow-shell formation-an important mode in the hydration of Portland cement[J]. Journal of Materials Science,(32): 2921-2927.

McCarter W J,Chrisp T M,Starrs G, et al. 2003. Characterization and monitoring of cement-based systems using intrinsic electrical property measurements[J]. Cement and Concrete Research,(33): 197-206.

Miao B,Chaallal O,Perration D, et al. 1993. On-site early-age monitoring of high-performance concrete columns[J]. ACI Materials Journal,90(5): 415-420.

Morin V,Cohen-Tenoudji F,Feylessoufi A. 2002. Evolution of the capillary network in a reactive powder concrete during hydration process[J]. Cement and Concrete Research,32 (12): 1907-1914.

Persson B. 1996. Hydration and strength of high performance concrete[J],Advanced Cement Based Materials,(3):107-123.

Phan,Quo Chd,Ta Keto U. 1999. Two-dimensional simulation of cement hydration[J]. Transactions of the Japan Concrete Institute,21(1):77-82.

Pommershei M J M,Clifton J R. 1982. Two dimensional simulation of cement clink[J]. Cement and Concrete Research,12(5):765-772.

Rastrup E. 1954. Heat of hydration in concrete [J]. Mag Concr Res,6(17) :127-140.

Tarun T R. Naik. Maturity of concretes: Its application and limitations [J]. Advances in Concrete Technology,CANMET,Ottawa,Canada,339-3691.

Wastlund G. 1956. Hardening of Concrete as Influenced by Temperature [A]. General Report of Session BII, in Proc. RIL EM Symposium on Winter Concreting[C]. Copenhagen: Danish Instinde for Building Research.

Ye G, van Breugel K, Fraaij A L A. 2001. Experimental Study on ultrasonic pulse velocity evaluation of the microstructure of cementitious material at early age[J]. Cement & Concrete Composites,(46).

Ye G,van Breugel K,Fraaij A L A. 2003. Experimental study and numerical simulation on the formation of microstructure in cementations materials at early age[J]. Cement and Concrete Research,(33):233-239.

第3章 进水塔底板施工期观测及温度场数值分析

本章将对燕山水库进水口底板施工期温度场进行 ANSYS 有限元仿真分析,并对底板混凝土施工期温度进行现场原型观测,将其结果与在 ANSYS 中仿真分析结果进行对比,验证对底板施工期温度场 ANSYS 仿真分析的准确性。

3.1 工 程 背 景

河南省燕山水库位于淮河支流沙颍河主要支流澧河上游干江河上,坝址在河南省京广铁路以西平顶山市叶县境内保安乡杨楼村官寨水文站下游约 1km 处。是经国务院批复的《淮河流域近期防洪建设若干意见》中确定的防洪骨干工程之一,在"河南省水利发展规划(2001—2010 年)"中被确定为重点工程。工程任务以防洪为主,兼顾供水、灌溉、发电等综合利用。

燕山水库一期工程静态总投资 12.34 亿元,工程建设期为 4 年。燕山水库工程主体工程量为:土石方开挖 209 万 m³,土石料填筑 427 万 m³,砌石及块石 23.3 万 m³,混凝土 11.2 万 m³,钢筋及钢材 3939t,金属结构安装 973t。枢纽工程主要建筑物有斜墙土石坝、溢洪道、泄洪(导流)洞和输水洞及电站。大坝坝顶高程 117.8m,坝长 4070m,最大坝高 34.7m。

燕山水库控制流域面积 1169km²,水库设计标准 500 年一遇,相应洪峰流量 11800m³/s,设计洪水位 113.71m,相应下泄流量 3820m³/s;水库校核标准 5000 年一遇,相应洪峰流量 20400m³/s,校核洪水位 116.78m,相应下泄流量 6120m³/s,总库容 9.68 亿 m³;水库死水位 99.0m,死库容 0.6 亿 m³。

本书所研究的燕山水库进水塔塔底高程 86.5m,塔顶高程 121m,塔高 34.5m,底板长 25m,宽 10.6m,厚 2.5m,进水高程 89m,结构形式为边长 6m 正四边形有压洞。

3.2 进水塔底板施工方案

钢筋安制:先绑扎底层钢筋网,再搭设上层钢筋网脚手架,绑扎上层钢筋网;待上下层钢筋网支撑稳固后,拆除钢筋网脚手架。立模前,按设计要求安装预埋件及墙体插筋。

底板模板采用组合钢模板拼装,局部二期混凝土部分采用木模。

混凝土浇筑连续进行,以免出现施工冷缝。根据施工要求,混凝土间歇时间控制在 1.5 小时以内,因掺有外加剂根据实际情况混凝土间歇时间应控制在 2 小时,采用分层法浇筑,层厚控制在 0.5m 左右,共分 5 层,每层铺筑面积为 25×10.6m²,每浇筑一层的混凝土方量为 0.5×10.6×25＝132.5m³。

为降低混凝土的水化温度,严格控制混凝土的入仓温度,根据工程的实际情况及建设(监理)单位意见,混凝土浇筑已避开高温季节,计划自 2005 年 10 月底开始浇筑,室外温度 10～16℃,严格控制入仓温度并有效降低水化热。

混凝土的养护:在自然气温高于 5℃ 的情况下,混凝土浇筑完成 12 小时以内进行覆盖养护;混凝土底板浇筑完毕初凝后即用棉毡覆盖并浇水养护,在最初三天,每两小时浇水一次,夜间浇水两次,在以后的养护期内每昼夜至少浇水 4 次。其养护天数不少于 14 天。

采取以下两种措施:

(1)中午若温度较高时,考虑在拌和水池中加入冰块冷却拌和用水至 10℃ 左右。

(2)在闸室底板内预埋冷却水管通水冷却混凝土,以控制混凝土内部温升。冷却水管采用 Φ25 钢管,控制混凝土温度与水温(出水口)之差不超过 20℃,通水流量每小时 60L 左右,水流方向每日改变一次,使混凝土内温度均匀降低。

水管控制要求:

使用河中深水,通过潜水泵抽至山上的水池内通过自流循环降温。流量流速可以通过加装压力表(或流量计)定时测量流量。

为掌握混凝土温度变化情况,在浇筑块内 0＋010 位置 1.5m 深度内埋设一组电阻温度计。每天早、中、晚各测设温度计读数一次,找出浇筑块的温度变化规律。Φ25 的蛇形管,每小时流量 60L 左右。每天定时在进水口和出水口测量水温及计算温差。

混凝土水平运输采用 8 台 2t 自卸三轮车,自进口 0－020 至 0＋025 在仓面下置蛇形柱,上铺 6m 宽走道板(5cm 厚白松板材),三轮自卸车通过走道板直接入仓。混凝土浇筑完成抹面之前将走道板拆除,最后再将蛇形柱钢筋用气割工具割除,抹面整平。走道板坡度按 1∶10 控制,现有底板顶高程高出上游路面 1.2m,所以走道板坡长 12m,加上工作面内共长 37m,蛇形柱按每米一根,共三排,根据现场情况加工,约需钢筋 3t,白松板材 11m³,其布置图附后。人工平仓,插入式振捣棒振捣,达到设计高程时,表面采用 15cm 直径的滚杠人工辅助找平,滚杠下设角铁轨道,轨道下加焊长度为 10cm 钢管(间距每米一根),扣在预先焊牢的专门立筋上,滚杠使用结束后将轨道拆掉前移,最后抹平压光。

3.3　进水口底板热学性能原型观测

3.3.1　仪器安装

按照郑州大学综合设计研究院提供的监测仪器布置图纸,本研究项目在进水塔底板布置温度计 7 支,于 2005 年 10 月 26 日安装完成进水塔底板监测仪器。目前各监测仪器运行正常,各温度计安装埋设的具体位置见表 3-1 和图 3-1~图 3-3。

表 3-1　进水塔底板温度计安装位置一览表

仪器名称	仪器型号	测点编号	桩号/m	轴距/m	高程/m	埋设时间	备注
温度计	RT-1	T1-1	0+012.5	5.25	87.75	2005.10.26	底板
		T1-2	0+012.5	3.94	87.75	2005.10.26	底板
		T1-3	0+012.5	2.63	87.75	2005.10.26	底板
		T1-4	0+012.5	1.31	87.75	2005.10.26	底板
		T2-1	0+024.95	0.01	87.75	2005.10.26	底板
		T2-2	0+024.45	0.01	87.75	2005.10.26	底板
		T2-3	0+022.95	0.01	87.75	2005.10.26	底板

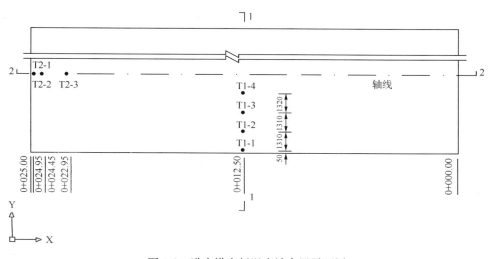

图 3-1　进水塔底板温度计布置平面图

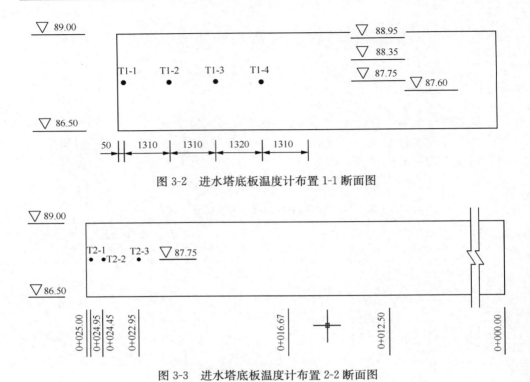

图 3-2　进水塔底板温度计布置 1-1 断面图

图 3-3　进水塔底板温度计布置 2-2 断面图

3.3.2　施工期观测

依据现行规程规范制定了详细的观测方案,安装后每隔 2 小时观测一次,混凝土拆模后,每 6 小时观测一次,连续观测 7 天后,每天观测 2 次,两周后至今每天都观测一次,取得了连续且完整的观测资料。

3.3.3　观测资料整理计算

1. 监测资料可靠性检查

监测资料是建筑物及其基础在水压力、自重、温度等因变量作用下的反应,描绘出建筑物及其基础岩体在观测时刻的运行状态。根据目前的技术水平,监测所用的仪器设备不可能尽善尽美,所制定的技术规程不可能无一缺陷,观测人员也难免一时疏忽,更何况还有一些外界因素的影响。因此,多种效应量的原始观测值不可避免地存在着误差,这是客观存在的现实。监测资料的误差由多种原因引起,如电桥的调换、电缆的加长或减短、电缆接头处理不善、仪器本身质量不良或埋设质量问题、观测时的疏忽等方面均会造成观测误差。原始观测资料数据的处理,就是尽可能消除误差,力求得到比较真实准确的反映建筑物性态的监测资料,以便为评价建筑物安全提供科学的依据。

监测资料的可靠性分析建立在对内在物理意义逻辑分析的基础上,一般进行一致性分析和相关性分析。

一致性分析是从时间概念出发来分析连续积累的资料在变化趋势上是否具有一致性,即在分析任一测点本次测值与前一次或前几次测值的变化速率关系,同时分析本次测值与其相应因变量之间的关系和前几次测值的因变量是否一致,本次测值与前一次测值的差值是否与因变量的变化相适应。一致性分析的主要手段是绘制"时间-效应量"过程线、"时间-因变量"过程线以及因变量与效应量相关线进行分析。

相关性分析是从空间概念出发来检查一些有内在物理意义联系的效应量之间的相关关系。分析原始测值变化与建筑物及基础的特点是否相适应,将某一效应量本次测值与同一混凝土块体(或条件基本一致的相邻混凝土块体)测点的测值变化进行比较,或将各种不同方法量测的物理量进行比较,看其是否符合物理力学关系。相关性分析主要手段是绘制不同部位监测点间或不同监测项目间效应量的相关关系图。

2. 误差原因与处理

观测误差是客观存在的,依据其产生机理可分为三类:过失误差、偶然误差和系统误差。

(1) 过失误差:它是一种错误数据,一般是由观测人员的过失所引起,如读数和记录的错误,以及将数据输入计算机时输错等。这类误差一般容易发现和修正,可在计算机屏幕显示时将错误数据去掉,补一正确数据或根据前后测值进行内插。

(2) 偶然误差:是由于人为不能控制的相互独立不起主导作用的许多客观的偶然因素作用引起的,如电缆头不清洁、观测接线时接头拧的松紧不一等。这种误差是随机的,影响较小,客观上难以避免,只要是在控制范围内,一般影响不大。修正时可采用曲线修匀或三点和五点平滑方法处理。

(3) 系统误差:与偶然误差相反,是由观测母体的变化所引起的误差。所谓母体变化就是观测条件的变化,这种误差通常为一常数,或为按一定规则变化的量,也有不规则变化的量。一般在观测过程中,如果观测条件的系统因素保持不变,则系统误差为一常数,由于计算是相对基准值的,所以它对计算成果正确性无影响,但当某一常数变为另一常数时,则计算成果就会受到影响。因系统误差影响较大,如不消除,可能使观测结果无法解释,甚至导致错误的判断,对评价建筑物安全产生不利后果,所以必须查明原因进行修正,以保证成果质量。系统误差产生的原因有:①电缆接长或剪短以及施工时弄断重新连接;②观测电桥调换引起的误差,尤其是有时用四芯电桥观测,有时又用五芯电桥观测;③仪器质量引起的观测误差,如仪器内部绕线瓷框的松动,使测值突变,仪器还能观测,但仪器测值的可信度值得怀疑,仪器质量引起的误差应根据具体情况分析处理。

系统误差的处理通常采用曲线平移的方法进行。本次分析采用目前处理误差效果更好的误差分析方法——抗差最小二乘法进行分析,其原理如下:

抗差最小二乘估计属于广义极大似然型估计(M估计)范畴。就数学表达式而言,与传统的最小二乘估计基本一样,不同的是权函数的内涵不同。传统的最小二乘估计的权是先验的。一般在大坝监测中均采用等权处理,而抗差最小二乘估计的权是残差的函数,表示观测值的有效性,称之为有效性权。因此,最小二乘估计抗差化和抗差最小二乘估计形式化的关键是建立恰当的权函数。

下面介绍其具体求解思路。设有观测子样$\{y_i\}$,相互独立,观测权为$\{P_i\}$,$i=1,2,\cdots,n$。化为单位权误差,其经验概率密度可写为

$$f(x) = \frac{\sum\limits_{i=1}^{n} p_i \delta(y-y_i)}{\sum\limits_{i=1}^{n} p_i} \tag{3-1}$$

式中,$\delta(y-y_i)$为密度集中于y_i的Dirac函数。

M估计是通过观测值$\{y_i\}$求参数$\{a_i\}$的估值,$j=1,2,\cdots,m$。残差为$\{v_i\}$,其准则函数为

$$\int \rho(\nu) \cdot f(y) \cdot \mathrm{d}y = \min \tag{3-2}$$

或

$$\sum_{i=1}^{n} p_i \left[\frac{\partial}{\partial \nu_i} \rho(\nu) \right] \frac{\partial \nu_i}{\partial a_i} = \sum_{i=0}^{n} p_i \varphi_i(\nu) \cdot x_{ij} = 0 \qquad (j=1,2,\cdots,m) \tag{3-3}$$

式中,$\rho(\nu)$为适当选择的极值函数;$\varphi_i(\nu) = \frac{\partial}{\partial \nu_i} \rho(\nu)$;$x_{ij} = \frac{\partial \nu_i}{\partial a_j}$。

把m个a_j相应的方程联立,并记为

$$X = \frac{\partial \nu}{\partial A} = \begin{bmatrix} \dfrac{\partial \nu_1}{\partial a_1} & \cdots & \dfrac{\partial \nu_1}{\partial a_m} \\ \vdots & & \vdots \\ \dfrac{\partial \nu_n}{\partial a_1} & \cdots & \dfrac{\partial \nu_n}{\partial a_m} \end{bmatrix} \tag{3-4}$$

令

$$\bar{p}_i = p_i \left(\frac{\partial \rho}{\partial \nu} \cdot \frac{1}{\nu} \right)_i = p_i \frac{\varphi(v)}{v_i} = p_i \omega_i \tag{3-5}$$

式中，$\bar{p}_i$ 为等价权；ω_i 为有效性权。

在大坝监测领域，由于监测数据是单子样母体，且观测值相互独立，故 $p_i = 1$，即 $\bar{p}_i = \omega_i$，于是求极值问题可转化为求解常用的线性方程组

$$XA^{\mathrm{T}} = Y + V \tag{3-6}$$

式中，$A = \begin{bmatrix} a_0 & a_1 & a_2 & \cdots & a_{\mathrm{m}} \end{bmatrix}$；$Y$ 为 $n \times 1$ 维观测向量；V 为 Y 的残差向量；

$$X = \begin{bmatrix} 1 & x_{11} & \cdots & x_{1m} \\ 1 & x_{21} & \cdots & x_{2m} \\ \vdots & \vdots & & \vdots \\ 1 & x_{2n} & \cdots & x_{nm} \end{bmatrix} 。$$

将式(3-6)整理后可以表示为

$$X^{\mathrm{T}} \bar{P} V = 0 \tag{3-7}$$

由此可得到抗差最小二乘估值：

$$A = (X^{\mathrm{T}} \bar{P} X)^{-1} X^{\mathrm{T}} \bar{P} Y \tag{3-8}$$

由于观测值相互独立，故 $\bar{p}_i$ 为对角阵，其对角元素为 $p_i \omega_i$。这样就可利用较成熟的经典最小二乘法程序进行迭代，求得 A 及其他有关量。

依据上述误差分析原理，编写相应分析程序对燕山水库的观测资料进行了误差分析和评价，结果表明各观测资料的误差较小，满足混凝土大坝安全监测技术规范的要求。

3.4　ANSYS 热分析

3.4.1　常用有限元分析软件介绍

有限元分析是相对于结构力学分析迅速发展起来的一种现代计算方法。它于 20 世纪 50 年代首先在飞机结构静、动态特性分析中应用的一种有效的数值分析方法，随后很快广泛应用于求解热传导、电磁场、流体力学等连续性问题。

有限元分析软件目前最流行的有 ANSYS、ADINA、ABAQUS、MSC 等，其中 ADINA、ABAQUS 在非线性分析方面有较强的能力，目前是业内最认可的两款有限元分析软件，ANSYS、MSC 进入中国比较早，所以在国内知名度高，应用广泛。目前在多物理场耦合方面这几个软件都可以做到结构、流体、热的耦合分析。

　　ABAQUS 是一套功能强大的工程模拟的有限元分析软件,其解决问题的范围从相对简单的线性分析到许多复杂的非线性问题。ABAQUS 包括一个丰富的、可模拟任意几何形状的单元库,并拥有各种类型的材料模型库,可以模拟典型工程材料的性能,其中包括金属、橡胶、高分子材料、复合材料、钢筋混凝土、可压缩超弹性泡沫材料以及土壤和岩石等地质材料。作为通用的模拟工具,ABAQUS 除了能解决大量结构(应力/位移)问题,还可以模拟其他工程领域的许多问题,例如,热传导、质量扩散、热电耦合分析、声学分析、岩土力学分析(流体渗透/应力耦合分析)及压电介质分析。ABAQUS 有两个主求解器模块:ABAQUS/Standard 和 ABAQUS/Explicit,其还包含一个全面支持求解器的图形用户界面,即人机交互前后处理模块:ABAQUS/CAE 。ABAQUS 被广泛地认为是功能最强的有限元分析软件,可以分析复杂的固体力学、结构力学系统,特别是能够驾驭非常庞大复杂的问题和模拟高度非线性问题。ABAQUS 不但可以做单一零件的力学和多物理场的分析,同时还可以做系统级的分析和研究。但 ABAQUS/CAE 并不对所有的命令流都支持 CAE 界面操作,其在隐式非线性方面求解也不方便,且不具备流体的功能。

　　ADINA 软件出现于 20 世纪 70 年代,以有限元理论为基础,通过求解力学线性、非线性方程组的方式获得固体力学、结构力学、温度场问题的数值解。ADINA 作为一款基于力学的计算软件,具有将近 40 年的开发和应用历史,逐步开发 CFD 流体动力学求解模块、电磁场 EM 求解模块、耦合求解模块,在全球被众多知名用户用于产品设计、科学研究。ADINA 系统是一个单机系统的程序,用于进行固体、结构、流体以及结构相互作用的流体流动的复杂有限元分析。借助 ADINA 系统,用户无需使用一套有限元程序进行线性动态与静态的结构分析,而用另外的程序进行非线性结构分析,再用其他基于流量的有限元程序进行流体流动分析。ADINA 系统由以下模块组成:①ADINA-AUI 界面程序为所有 ADINA 子程序提供了完整的预处理和后处理功能,它为建模和后处理的所有任务提供了一个完全交互式的图形用户界面;②ADINA-M 是 ADINA-AUI 程序的一个附件,提供了立体建模的功能,通过 ADINA-M 可在 ADINA-AUI 程序中直接创建立体的几何图形;③ADINA-Structure 程序提供了世界领先的、用于 2D 和 3D 固体应力分析以及静力学和动力学中结构分析的功能。分析对象可以是线性的或者非线性的,譬如:材料非线性特性的影响、巨大变形和接触条件;④ADINA-CFD 程序为可压缩和不可压缩的流体提供了世界一流的有限元和控制流量的解决能力,流体可包含自由表面和流体间以及流体与结构间的流动界面;⑤ADINA-Thermal 用来解决固体和结构中的热传递问题。它具有强大的特点,譬如:任意几何图形表面间的辐射、单元生死选项和高度非线性材料特性的功能;⑥ADINA-FSI 程序是用于带有结构相互作用的流体流动完全耦合分析(多物理场)的主要工具,它把 ADINA 与

ADINA-F 的所有功能全部整合成一个程序模块,结构和流体流动理想化可使用截然不同的网格。ADINA 软件的优势主要体现于流固耦合(多物理场)的分析中,而其在对复杂结构前处理方面具有较大的困难。

MSC 软件公司创建于 1963 年,总部设在美国洛杉矶,全球拥有 1200 多名员工,分布在 23 个国家和地区,作为虚拟产品开发(virtual product development, VPD)技术提供商,50 年来,MSC 软件公司的 VPD 软件和服务帮助企业界在产品开发过程中改善产品的设计、测试、制造和服务流程。MSC 软件公司开发了一系列的产品,包括:Adams-多体动力学解决方案、Actran-声学仿真解决方案、Easy5-控制仿真工具、Marc-非线性解决方案、SimXpert-多学科仿真解决方案、MSC Nastran-结构化与多学科 FEA、Dytran-显式动力学与流固耦合、MSC Fatigue-基于 FE 的耐久性仿真工具、Sinda-高级热分析解决方案、Digimat-非线性,多尺度的材料与结构建模平台、SimDesigner-CAD 嵌入式多学科仿真、Patran-有限元分析解决方案和 SimManager-仿真数据和流程等,广泛应用于航空航天、汽车、国防、通用机械、兵器、船舶、铁道、电子、石化、能源和材料工程等领域。

ANSYS 软件是美国 ANSYS 公司研制的大型通用有限元分析(FEA)软件,是世界范围内增长最快的计算机辅助工程(CAE)软件,能与多数计算机辅助设计(computer aided design,CAD)软件接口,实现数据的共享和交换,如 Creo,NASTRAN,Alogor,I—DEAS,AutoCAD 等,是融结构、流体、电场、磁场、声场分析于一体的大型通用有限元分析软件。在核工业、铁道、石油化工、航空航天、机械制造、能源、汽车交通、国防军工、电子、土木工程、造船、生物医学、轻工、地矿、水利、日用家电等领域有着广泛的应用。ANSYS 功能强大,操作简单方便,现在已成为国际最流行的有限元分析软件,在历年的 FEA 评比中都名列第一。目前,中国一百多所理工院校采用 ANSYS 软件进行有限元分析或者作为标准教学软件。

ANSYS 软件于 1970 年由匹兹堡大学 John Swanson 博士开发完成。经过三十余年的发展,ANSYS 在有限元软件领域占据了举足轻重的地位,被世界各工业领域广泛接受,成为 ASME、NQA 等二十多个专业技术协会所认可的标准分析软件。

软件主要包括三个部分:前处理模块、分析计算模块和后处理模块。

(1) 前处理模块提供了一个强大的实体建模及网格划分工具,用户可以方便地构造有限元模型。

ANSYS 程序提供了两种实体建模方法:自顶向下与自底向上。自顶向下进行实体建模时,用户定义一个模型的最高级图元,如球、棱柱,称为基元,程序则自动定义相关的面、线及关键点。用户利用这些高级图元直接构造几何模型,如二维的圆和矩形以及三维的块、球、锥和柱。无论使用自顶向下还是自底向上方法建模,用户均能使用布尔运算来组合数据集,从而"雕塑出"一个实体模型。ANS YS

程序提供了完整的布尔运算,诸如相加、相减、相交、分割、粘结和重叠。在创建复杂实体模型时,对线、面、体、基元的布尔操作能减少相当可观的建模工作量。ANSYS程序还提供了拖拉、延伸、旋转、移动、延伸和拷贝实体模型图元的功能。附加的功能还包括圆弧构造、切线构造、通过拖拉与旋转生成面和体、线与面的自动相交运算、自动倒角生成、用于网格划分的硬点的建立、移动、拷贝和删除。自底向上进行实体建模时,用户从最低级的图元向上构造模型,即用户首先定义关键点,然后依次是相关的线、面、体。

　　ANSYS程序提供了使用便捷、高质量的对 CAD 模型进行网格划分的功能。包括四种网格划分方法:延伸划分、映像划分、自由划分和自适应划分。延伸网格划分可将一个二维网格延伸成一个三维网格。映像网格划分允许用户将几何模型分解成简单的几部分,然后选择合适的单元属性和网格控制,生成映像网格。AN-SYS程序的自由网格划分器功能是十分强大的,可对复杂模型直接划分,避免了用户对各个部分分别划分然后进行组装时各部分网格不匹配带来的麻烦。自适应网格划分是在生成了具有边界条件的实体模型以后,用户指示程序自动地生成有限元网格,分析、估计网格的离散误差,然后重新定义网格大小,再次分析计算、估计网格的离散误差,直至误差低于用户定义的值或达到用户定义的求解次数。

　　(2) 分析计算模块包括结构分析(可进行线性分析、非线性分析和高度非线性分析)、流体动力学分析、电磁场分析、声场分析、压电分析以及多物理场的耦合分析,可模拟多种物理介质的相互作用,具有灵敏度分析及优化分析能力。

　　结构静力分析用来求解外载荷引起的位移、应力和力。静力分析很适合求解惯性和阻尼对结构的影响并不显著的问题。ANSYS程序中的静力分析不仅可以进行线性分析,而且可以进行非线性分析,如塑性、蠕变、膨胀、大变形、大应变及接触分析。

　　结构动力学分析用来求解随时间变化的载荷对结构或部件的影响。与静力分析不同,动力分析要考虑随时间变化的力载荷以及它对阻尼和惯性的影响。AN-SYS可进行的结构动力学分析类型包括:瞬态动力学分析、模态分析、谐波响应分析及随机振动响应分析。

　　结构非线性分析可求解静态和瞬态非线性问题,包括材料非线性、几何非线性和单元非线性三种。

　　动力学分析可以分析大型三维柔体运动。当运动的积累影响起主要作用时,可使用这些功能分析复杂结构在空间中的运动特性,并确定结构中由此产生的应力、应变和变形。

　　热分析程序可处理热传递的三种基本类型:传导、对流和辐射。热传递的三种类型均可进行稳态和瞬态、线性和非线性分析。热分析还具有可以模拟材料固化和熔解过程的相变分析能力以及模拟热与结构应力之间的热-结构耦合分析能力。

电磁场分析主要用于电磁场问题的分析,如电感、电容、磁通量密度、涡流、电场分布、磁力线分布、力、运动效应、电路和能量损失等。还可用于螺线管、调节器、发电机、变换器、磁体、加速器、电解槽及无损检测装置等的设计和分析领域。

流体动力学分析可以分为瞬态和稳态分析两种类型。分析结果可以是每个节点的压力和通过每个单元的流率。并且可以利用后处理功能产生压力、流率和温度分布的图形显示。另外,还可以使用三维表面效应单元和热-流管单元模拟结构的流体绕流并包括对流换热效应。

声场分析程序的声学功能用来研究在含有流体的介质中声波的传播,或分析浸在流体中的固体结构的动态特性。这些功能可用来确定音响话筒的频率响应,研究音乐大厅的声场强度分布,或预测水对振动船体的阻尼效应。

压电分析用于分析二维或三维结构对 AC(交流)、DC(直流)或任意随时间变化的电流或机械载荷的响应。这种分析类型可用于换热器、振荡器、谐振器、麦克风等部件及其他电子设备的结构动态性能分析。可进行四种类型的分析:静态分析、模态分析、谐波响应分析、瞬态响应分析。

(3) 后处理模块可将计算结果以彩色等值线显示、梯度显示、矢量显示、粒子流迹显示、立体切片显示、透明及半透明显示(可看到结构内部)等图形方式显示出来,也可将计算结果以图表、曲线形式显示或输出。

ANSYS 程序提供两种后处理器:通用后处理器和时间历程后处理器。通用后处理器也简称为 POST1,用于分析处理整个模型在某个载荷步的某个子步,或者某个结果序列,或者某特定时间或频率下的结果,例如,结构静力求解中载荷步 2 的最后一个子步的压力,或者瞬态动力学求解中时间等于 6 秒时的位移、速度与加速度等。时间历程后处理器也简称为 POST26,用于分析处理指定时间范围内模型指定节点上的某结果项随时间或频率的变化情况,例如,在瞬态动力学分析中结构某节点上的位移、速度和加速度从 0 秒到 10 秒之间的变化规律。

后处理器可以处理的数据类型有两种:一是基本数据,是指每个节点求解所得自由度解,对于结构求解为位移张量,其他类型求解还有热求解的温度、磁场求解的磁势等,这些结果项称为节点解;二是派生数据,是指根据基本数据导出的结果数据,通常是计算每个单元的所有节点、所有积分点或质心上的派生数据,所以也称为单元解。不同分析类型有不同的单元解,对于结构求解有应力和应变等,其他如热求解的热梯度和热流量、磁场求解的磁通量等。

综上所述,ANSYS 是商业化比较早的一个软件,且具有较好的前处理能力,并与三维设计软件具有兼容的接口,在处理混凝土材料线性、非线性问题时具有很高的精度,借助 APDL 语言可以很好的完成二次开发功能,本书将应用 ANSYS 软件进行相关研究。

3.4.2　ANSYS 热分析

在 ANSYS 公司推出的众多产品中,有 5 种产品能够进行热分析,如图 3-4 所示,包括 ANSYS/Multiphysics、ANSYS/Mechanical、ANSYS/Thermal、ANSYS/Flotran、ANSYS/ED。其中 ANSYS/ Flotran 不含相变热分析。

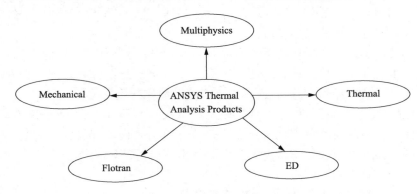

图 3-4　ANSYS 的 5 种热分析产品

ANSYS 热分析基于能量守恒原理的热平衡方程,用有限元法计算各节点的温度,并导出其他热物理参数。包括热传导、热对流及热辐射三种热传递方式。此外,还可以分析相变、有内热源、接触热阻等问题。

ANSYS 热分析可分为:①稳态传热,系统的温度场不随时间变化。②瞬态传热,系统的温度场随时间明显变化。

ANSYS 热分析将热平衡方程由变分原理等价转化为泛函的极值问题后,将温度由形函数插值,经过一系列推导后,提出了热分析的矩阵形式表达式。

稳态热分析的矩阵形式表达式为:

$$[K]\{T\} = \{Q\} \tag{3-9}$$

式中,$[K]$ 为热传导矩阵,包含导热系数、对流换热系数及辐射率和形状系数;$\{T\}$ 为节点温度向量;$\{Q\}$ 为节点热流率向量,包含热生成。

ANSYS 利用模型几何参数、材料热性能参数以及所施加的边界条件,生成 $[K]$、$\{T\}$ 以及 $\{Q\}$。

瞬态传热过程是指一个系统的加热或冷却过程。在这个过程中系统的温度、热流率、热边界条件以及系统内能随时间都有明显变化,其有限元方程的矩阵形式表达式为

$$[C]\{\dot{T}\} + [K]\{T\} = \{Q\} \tag{3-10}$$

式中，$[K]$ 为热传导矩阵，包含导热系数、对流换热系数及辐射率和形状系数；$[C]$ 为比热矩阵，考虑系统内能的增加；$\{T\}$ 为节点温度向量；$\{\dot{T}\}$ 为温度对时间的导数；$\{Q\}$ 为节点热流率向量，包含热生成。

ANSYS 利用模型几何参数、材料热性能参数以及所施加的边界条件，生成 $[K]$、$[C]$、$\{T\}$、$\{\dot{T}\}$ 以及 $\{Q\}$。

3.4.3　算例

某坞口坞墩长 28.0m，宽 17.0m，厚 4.0m。施工中分为 8 层浇筑，每层层厚 0.5m。浇筑结束顶面采用麦秆铺盖养护，四周采用内衬宝丽板的钢模板养护，从施工开始到养护结束共 160h。由于坞墩施工是在底板混凝土施工结束 42d 后才开始，因此，模拟时坞墩底板混凝土温度设定为恒定不变。

1. 计算参数

表 3-2 给出了计算选取的混凝土相关参数，表 3-3 给出了钢模板和稻草麦秆铺盖的放热系数。

表 3-2　混凝土参数

密度	入模温度	导热系数	比热	导温系数
2500kg/m³	20℃	9.5kJ/(m·h·℃)	0.89kJ/(kg·℃)	0.004m²/h

表 3-3　钢模板及麦秆放热系数

项目	放热系数
钢模板	50kJ/(m²·h·℃)
稻草麦秆铺盖	12kJ/(m²·h·℃)

坞墩浇筑计算期，根据当地气温，计算时气温变化采用拟合正弦公式

$$T = 23 + 3 \times \sin(\text{day} \times \pi/26) \tag{3-11}$$

式中，day 为天数。

水化热计算采用如下公式：

$$Q(t) = Q_0 \times [1 - \exp(-m \times t)] \tag{3-12}$$

式中，$Q_0 = 81175\text{kJ/kg}$；$m = 0.34$；t 为时间，h。

2. 实测资料

混凝土浇筑过程中沿高度方向（Z 向）分四组埋设温度计，每组埋设温度计 6

支,共计 24 支。温度计布置如表 3-4 及图 3-5 所示。

表 3-4　坝墩温度计埋设位置

| 仪器名称 | 测点编号 | X 坐标/m | Y 坐标/m | Z 坐标/m |
				一/二/三/四
温度计	T-1	10.0	9.0	1.0/1.75/2.0/3.0
	T-2	14.0	9.0	1.0/1.75/2.0/3.0
	T-3	18.0	9.0	1.0/1.75/2.0/3.0
	T-4	10.0	5.0	1.0/1.75/2.0/3.0
	T-5	14.0	5.0	1.0/1.75/2.0/3.0
	T-6	18.0	5.0	1.0/1.75/2.0/3.0

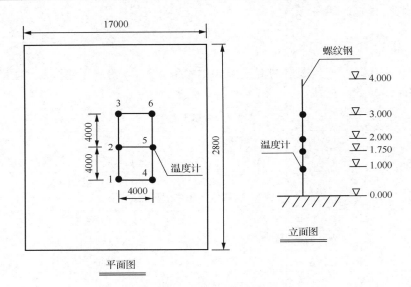

图 3-5　坝墩温度计布置图

依据规范制定了详细的观测方案,施工开始后第 10h 开始,每隔 5h 观测一次,连续观测 160h,取得了连续而完整的观测资料。限于篇幅,本书只列出每组各 1 个特征点观测结果,如表 3-5 所示:

表 3-5　温度计观测资料特征值一览表(℃)

测点编号	最大值	最小值	变幅	备注
T-6	37.925	24.112	13.813	第一组
T-3	39.625	23.687	15.938	第二组
T-6	40.022	23.397	16.625	第三组
T-2	34.687	23.625	11.062	第四组

坞墩混凝土由于水化热的作用,浇筑后温度逐渐升高,最高温度达到 40.022℃,位于第三组 T-6 测点处。由上表可知每组温度观测的变幅值均不超过 20℃。

3. 计算结果分析

坞墩施工期最高温度等值线图如图 3-6 和图 3-7 所示。

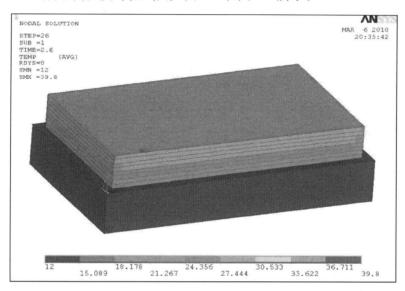

图 3-6　坞墩施工期最高温度分布等值线图

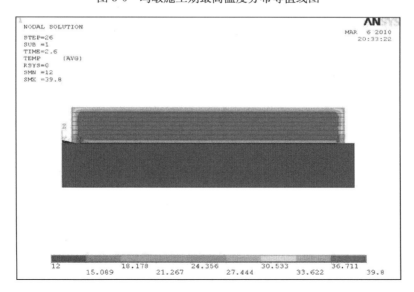

图 3-7　坞墩剖面施工期最高温度分布等值线图

由图(3-6)和图(3-7)可知,坞墩施工期最高温度为 39.8℃,出现在坞墩内部分层施工的第六层,出现时间为施工期的第 2.6 天。无论是最高温度数值还是出现位置都与实测结果相符合。

分别选取坞墩内部与第一组和第三组温度计 T-6 坐标一致的特征点,将其温度变化时程曲线计算值与实测值对比,如图 3-8 和图 3-9 所示。

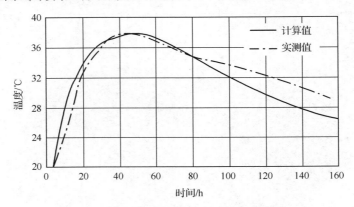

图 3-8　第一组特征点计算值与实测值温度曲线

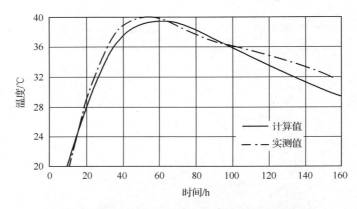

图 3-9　第三组特征点计算值与实测值温度曲线

由图 3-8 和图 3-9 可知,温度变化曲线由急剧的上升和缓慢的下降两个阶段组成,降温速率远低于升温速率,主要得出以下一些结论:

(1) 温度的计算值与实测值变化趋势基本一致。

(2) 温度计算最高值与实测值基本吻合,出现在施工的第 40~60h,之后随着水泥水化热逐渐消散,温度逐渐下降。坞墩施工期计算与实测温度最高分别为 39.8℃ 和 40.022℃。通过对比分析,说明计算较好的模拟了真实的施工过程。

(3) 从实测结果看,混凝土施工期水化热造成温度升高均在 25℃ 以内,变幅最大为 16.625℃,表明采用分层施工温控方案是合理和有效的。

通过对某坝墩的施工过程进行仿真分析,掌握了施工期大体积混凝土的温度变化规律,而且也验证了本书采用的仿真分析方法的准确性。

3.5　进水塔底板施工期温度场 ANSYS 分析

3.5.1　进水塔底板施工过程模拟

进水塔底板长 25m,宽 10.6m,厚 2.5m,一期混凝土总量为 654.4m³,二期混凝土总量为 8.1m³。由于二期混凝土用量较少,计算时忽略二期混凝土,只考虑一期混凝土。定于 2005 年 10 月 28 日上午 8:00 开始浇筑,10 月 30 日晚上 8:00 浇筑结束,共计 60h。浇筑结束顶面采用麦秆铺盖养护,四周采用钢模板养护。从 10 月 29 日上午 8:00 开始进行通水冷却至 11 月 12 日上午 8:00 结束。底板浇筑模板采用组合钢模板拼装,计算时钢模板基本无保温作用,故不加以考虑。计算选取两个时段:①底板施工期,即从混凝土施工到结束共 60 小时;采用分层法浇筑,层厚控制在 0.5m 左右,共分 5 层,每层铺筑面积为 $S=25×10.6m^2$,每浇筑一层混凝土方量为 $V=132.5m^3$。底板施工共 60 小时,每层浇筑时间为 12 小时。②底板从施工到通水冷却结束,即从 10 月 28 日至 11 月 12 日共 15 天。

底板浇筑过程中,从 10 月 29 日开始采用 $\Phi25$ 钢管蛇形布置通水冷却,至 11 月 12 日结束,通水温度 15℃。冷却管外直径 25mm,壁厚 1.5mm,内直径 22mm。其布置如图 3-10 和图 3-11 所示:

冷却管等效长度:$L=(9.6-1)×24+3.14×1/2×24+25-0.75=268m$

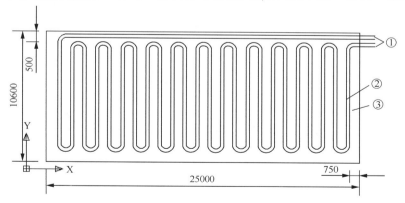

图 3-10　冷却管布置平面图
①预埋冷却水管 Φ25 钢管;②冷却水管进出水管口;③闸底板混凝土

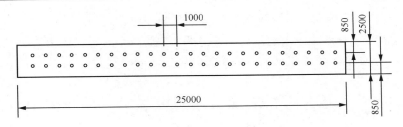

图 3-11　冷却管布置纵剖图

3.5.2　计算参数选取

进水塔混凝土配比水泥为河南南阳航天水泥厂生产的 PO32.5 级水泥,28 天抗压强度不低于 39.1MPa。粉煤灰为平顶山姚孟电力公司生产的 I 级灰。混凝土细骨料为燕山中砂。粗骨料为燕山碎石,三级配比例(5～20mm∶20～40mm∶40～80mm＝30∶30∶40)。减水剂为 FDN-500A 型缓凝高效减水剂。引气剂为SY-1 型引气剂。

根据河南省水利水电工程质量检测中心提供的燕山水库泄洪(导流)洞工程混凝土配合比试验检测报告,混凝土最终配合比如表 3-6 所示:

表 3-6　混凝土最终配合比

工程部位	强度等级	耐久性指标	级配	坍落度/cm	水胶比	砂率/%	每立方米混凝土材料用量/(kg/m³)					
							水泥	粉煤灰	水	砂	石子	外加剂
进水塔	C25现浇	W6F150	3	3～5	0.47	36	217	87	136	711	1295	1.5079

混凝土材料相关参数如表 3-7 所示,其中,外加剂和粉煤灰的导热系数和比热认为与水泥的相同。

表 3-7　混凝土材料相关参数

参数	水泥	粉煤灰	水	砂	石子	外加剂
每立方米混凝土含量/(kg/m³)	217	87	136	711	1295	1.5079
百分比/%	8.87	3.55	5.56	29.05	52.91	0.06
导热系数 λ/(kJ/(m·h·℃))	4.446	4.446	2.160	11.129	10.505	4.446
比热 c/(kJ/(kg·℃))	0.456	0.456	4.187	0.670	0.716	0.456

(1)混凝土的相关参数由表 3-6 和表 3-7 计算。

密度:$\rho＝217＋87＋136＋711＋1295＋1.5079＝2447.5$kg/m³

利用加权平均法来求解导热系数以及比热。

导热系数:

$$\lambda = [4.446 \times (8.87 + 3.55 + 0.006) + 2.16 \times 5.56 + 11.129 \times 29.05 + 10.505$$
$$\times 52.91]/100 = 9.47 \text{kJ/(m} \cdot \text{h} \cdot \text{℃)}$$

比热：

$$c = 1.05 \times [0.456 \times (8.87 + 3.55 + 0.006) + 4.187 \times 5.56 + 0.67 \times 29.05$$
$$+ 0.716 \times 52.91]/100 = 0.92 \text{kJ/(kg} \cdot \text{℃)}$$

导温系数：

$$a = \lambda/c\rho = 9.47/(0.92 \times 2447.5) = 0.0042 \text{m}^2/\text{h}$$

(2) 混凝土浇筑四周钢模板时表面放热系数取 $\beta = 45 \text{kJ/(m}^2 \cdot \text{h} \cdot \text{℃)}$，稻草麦秆铺盖养护时表面放热系数取 $\beta_1 = 10 \text{kJ/(m}^2 \cdot \text{h} \cdot \text{℃)}$，气温按正弦变化，取 $T = 15 - 6 \times \sin(\text{day} \times \pi/28)$，浇筑温度 $T_0 = 15 \text{℃}$。

(3) 当不考虑水管冷却时，水泥水化热公式：

$$Q(t) = Q_0 \times [1 - \exp(-m \times t)] \tag{3-13}$$

式中，$Q_0 = 81175 \text{kJ/kg}$；$m = 0.34$。

当考虑水管冷却时，根据热等效法，采用调整的水化热公式：

$$Q(t) = Q_0 \times m/(m - p) \times [1 - \exp(-m \times t)] \tag{3-14}$$

式中，$Q_0 = 81175 \text{kJ/kg}$；$m = 0.34$；$p = 0.132$。

3.5.3 边界条件

(1) 底板浇筑模板采用组合钢模板拼装，内衬宝丽板。

钢模板导热系数取 $\lambda = 163.29 \text{kJ/(m} \cdot \text{h} \cdot \text{℃)}$，放热系数取 $\beta = 76.7 \text{kJ/(m}^2 \cdot \text{h} \cdot \text{℃)}$，放热系数较大，由于内衬宝丽板作用，计算时认为钢模板有一定保温作用，故混凝土表面放热系数取 $\beta = 55 \text{kJ/(m}^2 \cdot \text{h} \cdot \text{℃)}$。

(2) 底板混凝土浇筑完毕后至进水塔竖井部分浇筑前，采用稻草麦秆铺盖养护。麦秆铺盖取厚度为 0.05m，放热系数取 $\beta = 200 \text{kJ/(m}^2 \cdot \text{h} \cdot \text{℃)}$，导热系数取 $\lambda = 0.502 \text{kJ/(m} \cdot \text{h} \cdot \text{℃)}$，则等效放热系数 $\beta_1 = 1/(1/200 + 0.05/0.502) = 9.56 \text{kJ/(m}^2 \cdot \text{h} \cdot \text{℃)}$，故计算中取 $\beta_1 = 10 \text{kJ/(m}^2 \cdot \text{h} \cdot \text{℃)}$。

(3) 底板浇筑计算期，计算时气温变化采用拟合正弦公式：

$$T = 15 - 6 \times \sin(\text{day} \times \pi/28) \tag{3-15}$$

3.5.4 初始条件

底板混凝土开始浇筑时的初始温度即为混凝土的入模温度，即

$$\begin{cases} t = 0 \\ T(x, y, z, 0) = 入模温度\ T_j \end{cases} \tag{3-16}$$

3.5.5　进水塔底板施工期温度场 ANSYS 求解

进水塔底板长 25m,宽 10.6m,厚 2.5m,如图 3-12 所示。

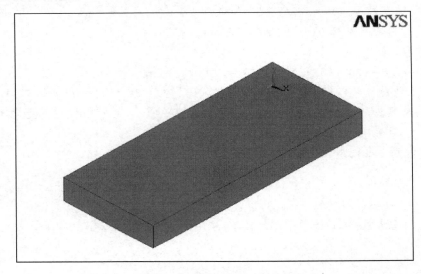

图 3-12　底板尺寸示意图

1. 计算结果及图表

(1)底板施工期,选取 7 个特征点作为研究对象,为了方便对比,这 7 个特征点与下一节的底板原型观测的温度计布置点位置相同,这 7 个点的坐标如表 3-8 所示。

表 3-8　关键点坐标值

节点编号	X 坐标	Y 坐标	Z 坐标
2(T1-1)	10.55	1.25	−12.5
3(T1-2)	9.24	1.25	−12.5
4(T1-3)	7.93	1.25	−12.5
5(T1-4)	6.61	1.25	−12.5
6(T2-1)	5.3	1.25	−0.05
7(T2-2)	5.3	1.25	−0.55
8(T2-3)	5.3	1.25	−2.055

计算结果如图 3-13 和图 3-14 所示。

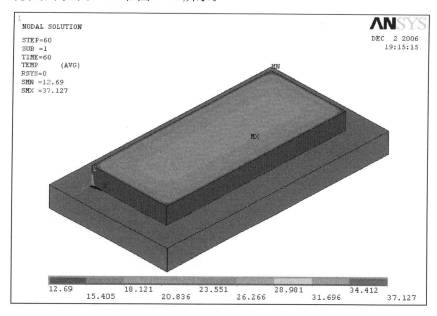

图 3-13　底板施工期最高温度

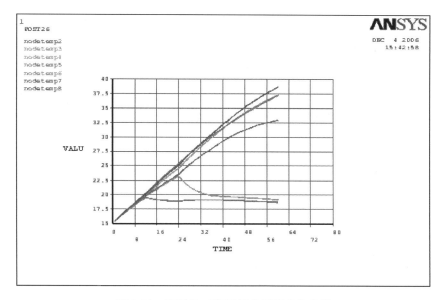

图 3-14　底板施工期特征点温度变化曲线

由图 3-13 和图 3-14 知,施工期混凝土温度最大值为 37.127℃,出现在底板施工结束期,且浇筑过程中,除特征点 2 和特征点 6 外,其他点混凝土温度均呈上升趋势。因此可知,在底板浇筑结束之后内部混凝土仍没有达到最高温度,温度仍然会随着时间而上升。

特征点2和特征点6由于接近混凝土表面,故浇筑初始阶段温度随着水化热作用而升高,后期由于混凝土表面的散热作用温度逐渐降低。

(2) 底板从施工到通水冷却结束,混凝土最高温度如图3-15所示。

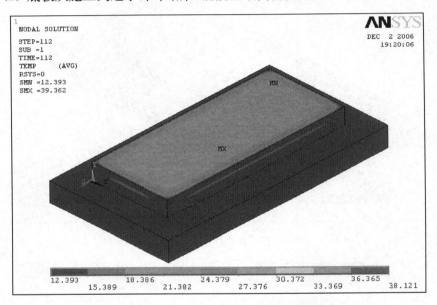

图3-15　底板通水冷却养护期混凝土最高温度

如图所示,混凝土最高温度为38.121℃,出现在自浇筑开始的第112小时,即第4天。下面给出混凝土特征点温度变化曲线。

2. 底板特征点 ANSYS 计算资料与温度计观测资料对比分析

由表3-9及图3-16和图3-17知,特征点2和特征点6靠近底板混凝土边界,距边界0.05m。底板混凝土浇筑到通水冷却结束,特征点2(T1-1)和特征点6(T2-1)温度变化计算曲线如图3-16和图3-17所示。

由上图可知,特征点2和特征点6温度在浇筑期由于水泥水化热作用上升,特征点2最高温度为19.5℃,特征点6最高温度为23.2℃,均出现在浇筑期。之后,由于靠近混凝土表面,温度迅速降低直到接近气温变化。

特征点3(T1-2)、4(T1-3)、5(T1-4)、7(T2-2)、8(T2-3)温度变化计算过程线及实测过程线如图3-18~图3-22所示。

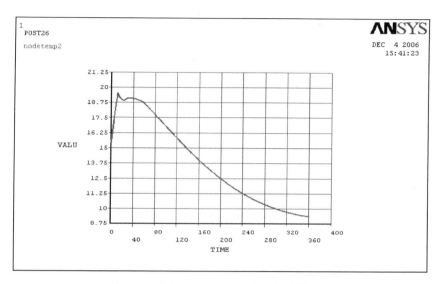

图 3-16　特征点 2(T1-1)温度变化计算曲线

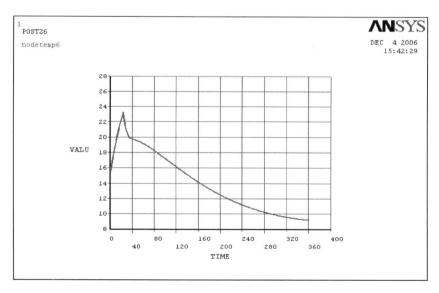

图 3-17　特征点 6(T2-1)温度变化计算曲线

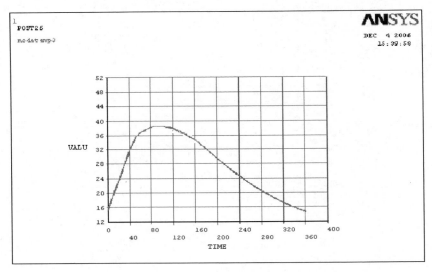

(a) 计算值

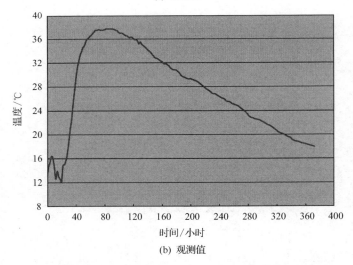

(b) 观测值

图 3-18　特征点 3(T1-2)温度变化计算值与观测值

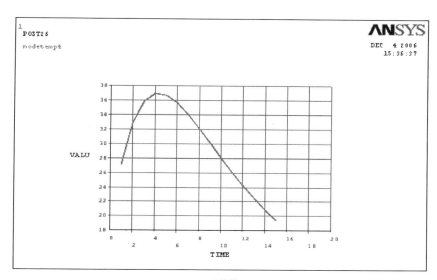

(a) 计算值

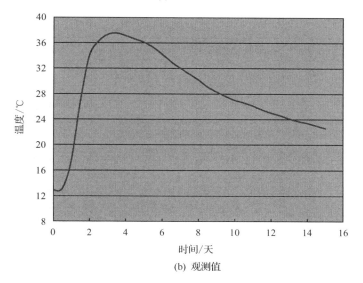

(b) 观测值

图 3-19　特征点 4(T1-3)温度变化计算值与观测值

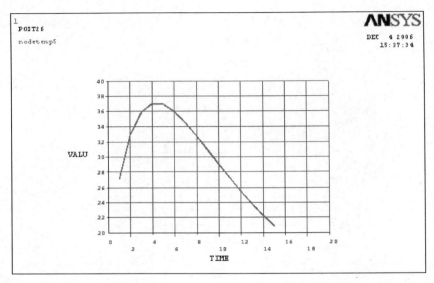

(a) 计算值

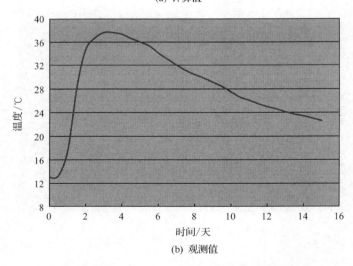

(b) 观测值

图 3-20　特征点 5(T1-4)温度变化计算值与观测值

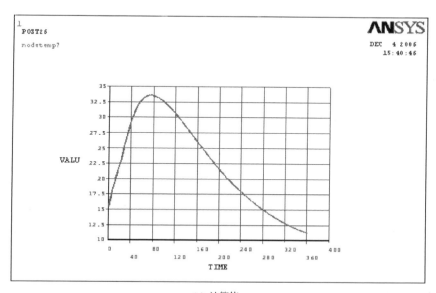

(a) 计算值

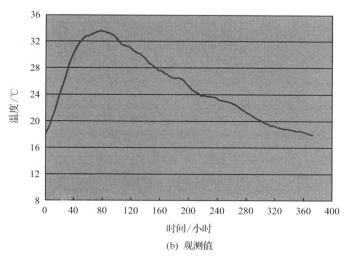

(b) 观测值

图 3-21　特征点 7(T2-2)温度变化计算值与观测值

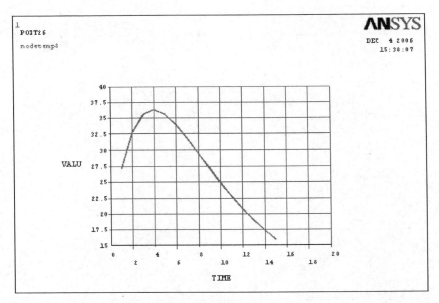

(a) 计算值

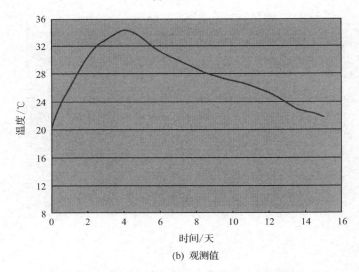

(b) 观测值

图 3-22　特征点 8(T2-3)温度变化计算值与观测值

各温度计特征值如表 3-9 所示。

表 3-9 温度计观测资料特征值一览表(℃)

测点编号	最大值	日期	最小值	日期	月平均	月变幅	备注
T1-1	19.6	10.28	9.3	11.12	14.4	10.3	计算值
T1-2	37.7	10.31	12.0	10.28	24.9	25.7	
T1-3	37.5	10.31	12.9	10.29	25.2	24.6	
T1-4	37.6	10.31	13.0	10.29	25.3	24.6	
T2-1	23.3	10.29	9.3	11.12	16.3	14.0	计算值
T2-2	33.6	10.31	18.0	10.28	25.8	15.6	
T2-3	34.3	11.01	20.1	10.28	27.2	14.2	

从温度计观测资料过程线和特征值可以看出:

(1)混凝土温度在浇筑初期上升很快,3~4 天就达到最大值,之后随着水泥水化热逐渐消散,温度逐渐下降,目前观测数据已趋于稳定。所有测点的温度变化规律正常,底板混凝土施工期计算温度最高为 38.1℃(T1-1 测点,10 月 31 日),没有超过混凝土温度设计值。

(2)从观测资料看,混凝土施工期水化热造成温度升高一般均在 20~25℃,最高为 26.3℃,最低为 14℃,表明采用分层分块施工的温控方案效果良好,没有出现较大温升,对混凝土结构应力是有利的。

由特征点 3、4、5、7、8 温度变化计算过程线及实测过程线对比分析可得:

(1)计算值与实测值的温度上升变化趋势基本一致。

(2)最高温度计算值与实测值基本吻合,出现时间基本一致。

(3)混凝土浇筑初期计算值与实测值不吻合,主要原因是,实际施工采用了分层分块施工,在混凝土浇筑初期,某些温度计仍暴露在空气中,所测温度为气温;计算时采用了简化施工,没有进行分块,而是整块分层施工,温度计在浇筑过程中所测即为混凝土温度。但由于初期温度较低,温度场分析主要是考虑温度变化的最大值,所以混凝土浇筑初期温度值不吻合对结果影响不大。

(4)通水冷却后期,计算值与实测值的温度下降曲线总体趋势一致。但是计算值温度下降速度明显大于实测值。主要原因可能是实际施工中通水冷却水温高于 15℃,以及通水流量不能达到要求,降低了冷却效果,使得温度降低实测结果与计算结果不符。

3.6 小 结

通过对燕山水库进水塔底板进行的施工期温度实时监测,得到了其施工期温度变化的资料,为全面了解混凝土水化热温度变化规律提供了定量依据。应用有限元软件 ANSYS 对进水塔底板施工期进行了仿真分析,并将计算结果与现场温度计实测资料对比分析,可以看出:计算结果与实测结果基本一致,最高温度出现的日期与实测资料相符,说明本节利用 ANSYS 软件计算的结果是可靠的,对施工期冷却水管采用等效法进行计算是合理的,为下一章进水塔施工期及模拟蓄水期温度应力的仿真分析提供了依据。

参 考 文 献

安鹏,邢义川,张爱军.2013.基于部分保温法的渠道保温板厚度计算与数值模拟[J].农业工程学报,17:54-62.

边真.2012.大体积混凝土温度应力时效分析与控制研究[D].西安:长安大学硕士学位论文.

陈汉珍,肖守讷.2008.基于 APDL 语言参数化建模和加载的曲轴疲劳寿命评估[J].机械与电子,04:59-61.

陈和群,陈里红,梅明荣,等.1992.小浪底水库发电排沙洞进水塔温控设计的仿真分析[J].人民黄河,12:36-39,61.

陈辉,李盛.2013.温度作用下钢筋混凝土梁裂缝分析与 ANSYS 仿真模拟[J].工程建设与设计,01:69-71.

陈上品,洪飞,王立成.2007.拉西瓦水电站进水塔混凝土及竖井开挖技术[J].水力发电,11:72-73.

程晓敏,蒋立靖.2012.面向相变材料温度场模拟的 ANSYS 二次开发[J].武汉理工大学学报(信息与管理工程版),05:535-538.

崔苗,杜文风.2006.ANSYS 的 APDL 参数化建模[J].微计算机应用,05:635-637.

邓发杰.2007.基于 ANSYS 二次开发的预应力混凝土曲线刚构桥施工仿真分析[D].长沙:中南大学硕士学位论文.

丁晓飞,李江.2012.贵州构皮滩水电站引水发电系统进水塔施工砼施工技术[J].中国西部科技,02:27-28.

范雪宁,胡永生.2009.小浪底南岸进水塔温控措施[J].河南水利与南水北调,10:86-87.

傅作新,陈里红,陈和群,等.1993.小浪底枢纽进水塔混凝土的温度控制问题[J].河海科技进展,04:50-57.

宫经伟,周宜红,严新军,等.2011.基于温控参数折减有限元法的水库进水塔-地基结构稳定分析[J].四川大学学报(工程科学版),04:21-26.

贾福杰.2011.混凝土半绝热温升试验与有限元模拟计算的研究[D].中国建筑材料科学研究总院.

井向阳,周伟,刘俊,等.2013.高碾压混凝土坝快速施工过程中的温度控制措施[J].武汉大学学报(工学版),01:99-104,108.

康迎宾,张鹏,王亚春,等.2013.河口村水库泄洪洞进水塔温度应力仿真[J].人民黄河,04:83-85.

李宝勇.2008.光照水电站分层取水进水塔快速施工技术[J].水利水电施工,03:24-27.

李梁,张超,张振洲,等.2013.基于热流管单元的大体积混凝土一期冷却效果精细模拟[J].武汉大学学报(工学版),04:442-448.

李明堂.2012.筒仓大体积基础温度场有限元模拟[J].硅谷,04:153.

李荣.2012.思林碾压混凝土重力坝温度场及含温度荷载的静力分析[J].治淮,07:16-17.

李昭辉,何文洲,孙建萍,等.2009.燕山水库泄洪洞进水塔施工期观测资料分析[J].水电能源科学,06:152-154.

林峰,段亚辉.2012.溪洛渡水电站无压泄洪洞衬砌混凝土秋季施工温控方案优选[J].中国农村水利水电,07:132-136,140.

刘承.2013.砌筑墙体的 ANSYS 三维稳态热分析方法[J].砖瓦,03:47-52.

刘玲玲,杨梅. 2012. 有限元网格精度对计算混凝土温度和应力场的影响——以施工期大坝为例[J]. 水电与新能源,04:35-37.

刘艳萍. 2005. 桥梁预应力钢筋混凝土结构局部有限元分析的 ANSYS 二次开发[D]. 华中科技大学.

刘招,苗隆德. 2004. 基于 APDL 的混凝土面板堆石坝三维非线形有限元分析[J]. 西北水力发电,04:17-20.

陆敏恂,南国腾,周爱国. 2013. 基于 ANSYS 的接触热阻的有限元分析[J]. 流体传动与控制,06:34-37.

逯跃林. 2012. 大体积混凝土刚度变化时温度应力及配筋分析[D]. 西安:长安大学硕士学位论文.

吕克鹏,李波. 2013. 构皮滩水电站进水塔混凝土施工工艺控制[J]. 水利水电施工,01:22-25.

吕学涛,杨华,张素梅. 2011. Effect of contact thermal resistance on temperature distributions of concrete-filled steel tubes in fire[J]. Journal of Harbin Institute of Technology,01:81-88.

骆鸣. 2006. 浅谈 VB 在 ANSYS 二次开发中的应用[J]. 天津职业院校联合学报,05:53-56.

乔晨,程井,李同春. 2012. 沙沱碾压混凝土坝施工期温度应力仿真分析[J]. 南水北调与水利科技,02:150-153.

任灏,张宏洋,王凤恩. 2012. ANSYS 二次开发技术在冷却塔设计中的应用[J]. 科技创业家,20:94.

宋立新. 2011. 马鹿塘水电站二期工程进水塔砼浇筑施工方案[J]. 科技风,12:142-144.

孙明明,侯力,王炳炎,等. 2007. APDL 参数化三维建模的曲轴有限元模态分析[J]. 机械设计与制造,01:3-5.

孙全胜,张德平. 2012. 大体积混凝土水化热温度效应的研究[J]. 低温建筑技术,01:5-7.

汤修映,肖丹,刘岭,等. 2011. ADAMS、Pro/E 和 ANSYS 间数据的自动传输技术[J]. 农业机械学报,06:193-197.

田野,金贤玉,金南国. 2012. 基于水泥水化动力学和等效龄期法的混凝土温度开裂分析[J]. 水利学报,S1:179-186.

王文军. 2009. 岳城水库进水塔碳化原因的分析及预防处理[J]. 海河水利,06:75-76.

王晓晨,杨荃,刘瑞军,等. 2013. 基于 ANSYS 有限元法的热卷箱内中间坯温度场分析[J]. 北京科技大学学报,04:454-458.

吴礼国,周定科,邓方明,等. 2011. 大体积混凝土浇筑温度场的仿真分析[J]. 水运工程,07:36-40.

夏瑞武. 2008. APDL 参数化有限元分析技术及其应用[J]. 机电产品开发与创新,02:103-104.

夏卫明,许闯,胡斌,等. 2012. ANSYS 有限元仿真中的一些经验[J]. 机械制造,02:33-38.

辛文波,王旭,偲光恒. 2010. 构皮滩水电站引水发电系统进水塔混凝土施工工艺[J]. 贵州水力发电,02:25-27.

徐闯,朱玄玄,邓爱民,等. 2012. 盖下坝水电站施工期温度应力及损伤仿真分析[J]. 水力发电,10:47-49.

薛香臣,张尹耀,刘鹏飞. 2009. 糯扎渡水电站 3#导流洞进水塔混凝土施工[J]. 水利水电技术,06:41-42,45.

阎士勤. 2008. 小浪底工程进水塔混凝土的温度控制[J]. 水电站设计,02:31-36.

杨华威,袁广江,肖刘. 2012. ANSYS 接触单元在接触热阻仿真中的应用[J]. 微波学报,S2:241-244.

杨杰,毛磊,侯霞,等. 2012. 大体积混凝土温度场及温度应力的有限元分析[J]. 天津城市建设学院学报,18(4):270-274.

阴起盛. 2011. 东焦河水电站进水塔施工方法简介[J]. 山西水利,09:49-50.

袁吉栋,刘志军,邢红芳. 2008. 岳城水库进水塔混凝土表面碳化检测及处理[J]. 海河水利,06:49-51.

袁艳平,程宝. 2004. ANSYS 的二次开发与多维稳态导热反问题的数值解[J]. 建筑热能通风空调,02:92-94.

张安宏. 2007. 岳城水库泄洪洞进水塔混凝土防碳化处理[J]. 北京水务,04:8-11.

张晓飞,李守义,槐先锋,等. 2011. 水电站厂房温度场和应力场仿真计算分析[J]. 水资源与水工程学报,02:5-9.

赵长勇,张系斌,翟晓鹏.2008.基于 ANSYS 参数化语言 APDL 的结构优化设计[J].山西建筑,03:362-363.

赵琳,刘振侠,胡好生.2007. ANSYS 二次开发及在火焰筒壁温分析中的应用[J].机械设计与制造,08:80-82.

周贤庆.2011.水工混凝土施工中温控防裂措施的研究[J].大众科技,04:100-101.

朱波,龚清盛,周水兴.2012.连续刚构桥 0 号块水化热温度场分析[J].重庆交通大学学报(自然科学版),05:924-926,952.

邹开放,段亚辉.2013.溪洛渡水电站导流洞衬砌混凝土夏季分期浇筑温控效果分析[J].水电能源科学,03:90-93,138.

第4章　进水塔结构三维建模

燕山水库进水塔,进水高程89m,底板长25m,宽10.6m,厚2.5m,进水口结构形式为边长6m的正四边形有压洞,塔高34.5m,塔顶高程121m。进水塔结构复杂,建模困难。ANSYS软件虽然具有完善的前处理功能,但是对于复杂结构其建模操作困难,本章将研究进水塔结构的三维建模问题。

4.1　三维建模技术

对现有结构进行建模和模拟,就是根据研究目标和重点,在三维空间中对其形状、色彩、材质、光照、运动等属性进行研究,以达到3D再现的过程。三维建模技术的核心是根据研究对象的三维空间信息构造其立体模型尤其是几何模型,并利用相关建模软件或编程语言生成该模型的图形显示,然后对其进行各种操作和处理。为得到研究对象的三维空间信息,采用适当的算法,并通过计算机程序建立三维空间特征点(或某一空间域的所有点)的空间位置与二维图像对应点的坐标间的定量关系,最后确定出研究对象表面任意点的坐标值。研究人员根据获得的三维物体的形状、尺寸、坐标等几何属性信息进行构模操作,构造研究对象的三维几何模型。

物体的三维几何模型就其复杂度来说分为三类:线模型、面模型、体模型。对三维建模技术的研究主要针对三维面元模型和体元模型来展开的。目前,国内外许多专家学者对三维空间对象模型及构模方法进行了研究,归纳起来分为三类:

(1)基于面元模型的空间构模方法,主要有边界表示法、线框表示法、扫描表示法和实体几何构造法等。该方法侧重于对三维空间实体的表面描述(如地形表面、地质层面等),所模拟的表面可能是封闭的,也可能是非封闭的。基于采样点的不规则三角网(TIN)模型和基于数据内插的格网模型,通常用于非封闭表面模型;而边界表示(B-Rep)模型和线框模型通常用于封闭表面或外部轮廓模拟。通过表面表示形成三维空间目标表示,其优点是便于显示和数据更新,但由于缺少三维几何描述和内部属性记录,难以进行三维空间查询与分析。

(2)基于体元模型的空间构模方法,主要有八叉树表示法、空间位置枚举法、四面体表示法和不规则块体构模法等。该方法侧重于对三维空间体的表示,如水体、云体等,通过对体的描述,实现三维空间目标表示,其优点是易于进行三维空间操作和查询分析,但存储空间大,计算速度较慢。目前常用的体构模方法有三维栅格、实体几何构造（CSG）、四面体格网（TEN）、实体和块段构模等。

（3）基于面体混合模型的空间构模方法。该方法能够充分利用不同的单一模型在表示不同空间实体时所具有的优点，能够实现对三维地质现象有效、完整的表达。但混合三维模型数据量大，为保持一致性必须在两种方法之间不断进行转换，并且不同模型之间的转换有时只能是近似的，甚至是不成立的。

4.2 三维建模软件

4.2.1 CATIA

CATIA 是法国 Dassault System 公司的 CAD/CAE/CAM 一体化软件，居世界 CAD/CAE/CAM 领域的领导地位。CATIA 源于航空航天业，但其强大的功能已得到各行业的认可，广泛应用于航空航天、汽车制造、造船、机械制造、电子\电器、消费品行业。CATIA 是一款高端 CAD 软件，具有三维设计、结构设计、曲面造型、二维转换、运动模拟、有限元分析、逆向工程、美工设计、数控加工等功能，它的集成解决方案覆盖所有的产品设计与制造领域，其特有的 DMU 电子样机模块功能及混合建模技术更是推动着企业竞争力和生产力的提高。

CATIA 具有重新构造的新一代体系结构，支持不同应用层次的可扩充性、与 NT 和 UNIX 硬件平台的独立性以及专用知识的捕捉和重复使用性。CATIA 具有先进的混合建模技术、全相关性、并行工程设计环境及覆盖产品开发全过程的能力。CATIA 拥有曲面设计模块，其特有的高次曲线可以满足复杂曲面需求。CATIA 功能强大的同时操作也比较复杂。

4.2.2 Pro/Engineer

Pro/Engineer 系统是美国参数技术公司（parametric technology corporation，简称 PTC）的产品。PTC 公司提出的单一数据库、参数化、基于特征、全相关的概念改变了机械 CAD/CAE/CAM 的传统观念，这种全新的概念已成为当今世界机械 CAD/CAE/CAM 领域的新标准。利用该概念开发出来的第三代机械 CAD/CAE/CAM 产品 Pro/Engineer 软件能将设计至生产全过程集成到一起，让所有的用户能够同时进行同一产品的设计制造工作，即实现所谓的并行工程。Pro/Engineer 系统主要优势如下：①真正的全相关性，任何地方的修改都会自动反映到所有相关地方；②具有真正管理并发进程、实现并行工程的能力；③具有强大的装配功能，能够始终保持设计者的设计意图；④容易使用，可以极大地提高设计效率。Pro/Engineer 系统用户界面简洁，概念清晰，符合工程人员的设计思想与习惯。整个系统建立在统一的数据库上，具有完整而统一的模型。Pro/Engineer 建立在工作站上，系统独立于硬件，便于移植。

4.2.3　AutoCAD

AutoCAD 是 Autodesk 公司的主导产品。Autodesk 公司是世界第四大 PC 软件公司。目前在 CAD/CAE/CAM 工业领域内，该公司是拥有全球用户量最多的软件供应商，也是全球规模最大的基于 PC 平台的 CAD 和动画及可视化软件企业。Autodesk 公司的软件产品已被广泛地应用于机械设计、建筑设计、影视制作、视频游戏开发以及 web 网的数据开发等重大领域。AutoCAD 是当今最流行的二维绘图软件，它在二维绘图领域拥有广泛的用户群，具有强大的二维功能，如绘图、编辑、剖面线和图案绘制、尺寸标注以及二次开发等功能，同时有部分三维功能，AutoCAD 还提供 Autolisp、Ads、Arx 作为二次开发的工具。

4.2.4　UG(Unigraphics)

EDS 公司发行的 UG(Unigraphics)是一款集 CAD/CAE/CAM 于一体的三维参数化软件，是先进的计算机辅助设计、制造及分析软件之一。其主要客户包括通用汽车、通用电气、福特、波音麦道、洛克希德、劳斯莱斯、普惠发动机、日产、克莱斯勒以及美国军方等。几乎所有飞机发动机和大部分汽车发动机都采用 UG 进行设计，充分体现了 UG 在高端工程领域的应用优势。

UG 是最早的三维建模软件之一，也是应用最广的高端 CAD 软件，UG NX 应用模块为相关集成技术提供更专业的平台，其中包括 CAD 模块、CAE 模块、CAM 模块、钣金模块、管道与布线模块等。还有其他的一些功能模块，如用来制定菜单的 UG/Open Menu Script 模块；用于二次开发的 UG/Open GRIP、UG/Open API、UG /Open++模块；质量工程应用模块、数据交换模块、快速成型模块。UG 的二次开发工具非常强大，这也是 UG 较为突出的优势。但是 UG 的易用性较差，难以掌握，虽然近年来在易用性上投入了大量精力加以改善，但在这一方面和一些中端 CAD 软件相比还有很大差距。

4.2.5　SolidWorks 软件

SolidWorks 软件是世界上第一个基于 Windows 开发的三维 CAD/CAE/CAM/PDM 桌面集成系统，是由美国 SolidWorks 公司在总结和继承大型机械 CAD 软件的基础上，在 Windows 环境下实现的第一个机械三维 CAD 软件。它为用户提供产品级的自动设计工具。

SolidWorks 软件具有以下突出特点：①微机平台上的高级三维 CAD 软件，运行于 Windows 环境中，与 Office 软件兼容；②三维参数化特征造型软件，100%特征造型，100%参数化，100%可修改；③特征管理员功能；④全相关的数据管理；

SolidWorks 包括三部分：零件部分设计、装配设计及二维绘图，三部分互相关联，工程师可以在设计的各个阶段修改（比如在二维出图阶段）；⑤功能丰富，操作简单，维护方便，学习周期短；⑥应用开发方便；⑦与多家 CAM、CAE 软件有紧密接口。

SolidWorks 软件包括了零件建模、曲线建模、钣金设计、数据转换、高级渲染、图形输出及特征识别等功能，而且配有一套强大的、基于 HTML 的全中文的帮助文件系统。包括超级文本链接、动画示教、在线教程以及设计向导和术语。

零件建模通过拉伸、旋转、薄壁特征、高级抽壳、特征阵列以及打孔等操作来实现产品的设计；通过对特征和草图的动态修改，用拖拽的方式实现实时的设计修改；三维草图功能为扫描、放样生成三维草图路径，或为管道、电缆、线和管线生成路径。

曲面建模通过带控制线的扫描、放样、填充以及拖动可控制的相关操作产生复杂的曲面。可以直观地对曲面进行修剪、延伸、倒角和缝合等曲面操作。

钣金设计可以直接使用各种类型的法兰、薄片等特征，正交切除、角处理以及边线切口等钣金操作变得非常容易，并通过 API 为用户提供了自由的、开放的、功能完整的开发工具，开发工具包括 Microsoft Visual Basic for Applications (VBA)、Visual C++，以及其他支持 OLE 的开发程序。

数据转换方面，SolidWorks 提供了当今市场上几乎所有 CAD 软件的输入/输出格式转换器，包括 IGES IPT（Autodesk Inventor）、STEP DWG、SAT（ACIS）DXF、VRML CGR（Catia graphic）、STL HCG（Highly compressed）、Parasolid graphics、Pro/Engineer Viewpoint、Unigraphics RealityWave、PAR（Solid Edge）TIFF、VDA-FS JPG 和 Mechanical Desktop。

与 SolidWorks 完全集成的高级渲染软件 PhotoWorks 可以有效的展示概念设计，减少样机的制作费用，快速地将产品投放到市场，并提供方便易用的、最高品质的渲染功能。通过在 Windows 环境下与三维机械设计软件的标准 SolidWorks 的无缝集成，PhotoWorks 可以方便地制作出真实质感和视觉效果的图片。

图形输出包括三个方面。①输出到窗口：将图形输出到 SolidWorks 窗口，或采用交互方式高效地预览渲染模型。②输出到文件：将渲染图形输出到用户定义的图形文件格式，包括 24 位的 PostScript、JPEG、TARGA、TIFF 或 BMP 格式。③输出到打印机：可直接从 SolidWorks 窗口中打印渲染图形，在保证长宽比的同时可以改变图形比例来覆盖整个打印区域。

与 SolidWorks 完全集成的特征识别软件 FeatureWorks 是第一个为 CAD 用户设计的特征识别软件。当引入其他 CAD 软件的三维模型时，FeatureWorks 能够重新生成新的模型，引进新的设计思路。FeatureWorks 对静态的转换文件进行智能化处理，获取有用的信息，减少了重建模型所用的时间。FeatureWorks 提供自动和交互两种特征识别方式。自动的方式不需要人工干预。一般情况下,如果不能自动识别特征时,就有一个交互式的对话框弹出,通过简单的交互,点取一个孔或凸台的一个面,并通过控制或指定设计意图来实现特征识别。模型指示器显示特征识别前后的轮廓变化。交互识别方式和自动识别方式可以交替使用。FeatureWorks 可以从标准转换器转换的几何模型捕捉所有的数据,然后进行特征识别。标准数据格式包括 STEP,IGES,SAT(ACIS),VDAFS 和 Parasolid。

4.2.6　国内部分三维建模软件

近年来,国内三维建模软件也逐渐发展起来,主要有以下几种。

(1) 开目 CAD:是华工科技开目公司开发的具有自主版权的基于微机平台的 CAD 和图纸管理软件,它面向工程实际,模拟人的设计绘图思路,操作简便,机械绘图效率比 Autocad 高得多。开目 CAD 支持多种几何约束种类及多视图同时驱动,具有局部参数化的功能,能够处理设计中的过约束和欠约束情况。开目 CAD 实现了 CAD、CAPP、CAM 的集成,适合我国设计人员的习惯,是全国 CAD 应用工程主推产品之一。

(2) CAXA 电子图板和 CAXA-ME 制造工程师:是北京北航海尔软件有限公司(原北京航空航天大学华正软件研究所)开发的。CAXA 电子图板是一套高效、方便、智能化的通用中文设计绘图软件,可帮助设计人员进行零件图、装配图、工艺图表、平面包装的设计,适合所有需要二维绘图的场合,使设计人员可以把精力集中在设计构思上,彻底甩掉图板,满足现代企业快速设计、绘图、信息电子化的要求。CAXA-ME 是面向机械制造业自主开发的、具有中文界面、三维复杂形面的 CAD/CAE 软件。

(3) GS-CAD98:是浙江大天电子信息工程有限公司开发的基于特征的参数化造型系统。GS-CAD98 是一个具有完全自主版权、基于微机、Windows95/NT 平台的三维 CAD 系统。该软件是在国家“七五”重大攻关及 863/CIMS 主题目标产品开发成果的基础上,参照 SolidWorks 的用户界面风格及主要功能开发完成的。它实现了三维零件设计与装配设计,工程图生成的全程关联,在任一模块中所做的变更,在其他模块中都能自动地做出相应变更。

(4) 金银花(lonicera)系统:是由广州红地技术有限公司开发的基于 step 标准的 CAD/CAE 系统。该系统是国家科委 863/CIMS 主题在“九五”期间科技攻关的最新研究成果。该软件主要应用于机械产品的设计和制造中,它可以实现设计/制造一体化和自动化。该软件以制造业最高国际标准 iso-10303(step)为系统设计的依据,采用面向对象的技术,使用先进的实体建模、参数化特征造型、二维和三维一体化、SDAI 标准数据存取接口的技术;具备机械产品设计、工艺规划设计和数控加工序自动生成等功能;同时还具有多种标准数据接口,如 step、dxf 等;支持产品数据管理(PDM)。目前金银花系统的系列产品包括：机械设计平台 MDA、数控编程系统 ncp、产品数据管理 pds、工艺设计工具 mpp。

(5) 高华 CAD：是由北京高华计算机有限公司推出的 CAD 产品。高华 CAD 系列产品包括计算机辅助绘图支撑系统 GHDrafting、机械设计及绘图系统 ghmds、工艺设计系统 ghcapp、三维几何造型系统 ghgems、产品数据管理系统 ghpdms 及自动数控编程系统 ghcam。其中 ghmds 是基于参数化设计的 CAD/CAE/CAM 集成系统，它具有全程导航、图形绘制、明细表处理、全约束参数化设计、参数化图素拼装、尺寸标注、标准件库、图像编辑等功能模块。

综上所述，SolidWorks 具有强大的三维实体建模能力，其中文操作界面更加方便学习和应用，并且其与有限元分析软件设立了多种接口文件，因此对于本书研究的进水塔结构，利用 SolidWorks 软件进行三维实体建模。

4.3　进水塔结构在 SolidWorks 中三维实体建模

进水塔外部结构相对简单，内部孔洞较多，结构较为复杂。因此在 Solid-Works 中建模时，采取"外→内→外"的顺序进行。具体步骤如下：

(1) 先建底板和左边墙模型。首先选择草图绘制，利用草图绘制工具画出二维状态下的底板与边墙的 L 型剖面，然后利用拉伸凸体命令，输入拉伸长度，拉伸面得到底板和左边墙的三维模型(如图 4-1)。

(2) 建立内部构造模型。选择草图绘制，以左边墙为基准面，首先画出内部需要拉伸结构的二维平面图，利用拉伸凸体命令得到拉伸的内部构造；然后画出内部需要切除结构的二维平面图，利用拉伸切除命令，输入切除长度，得到切除的内部构造(如图 4-2)。

(3) 建立左边墙模型，并对模型进行修整，得到完整模型(如图 4-3)。

(4) 如果希望对模型进行分块，可以利用"插入→特征→参考几何体"，选择分割的参考几何体之后，利用"插入→特征→分割"对模型按需要进行分割。Solid-Works 提供的这种可以对所建模型进行分割成块的功能为大体积结构的施工分块浇筑仿真分析提供了极大的便利。

(5) 从不同视角查看模型图，并查看模型剖面图如图 4-4，检查模型是否正确。在 SolidWorks 中，我们可以方便的查看模型的前后视、上下视、左右视以及二等角轴测图甚至是不同位置的剖面图，这可以帮助我们方便的检查模型情况。

至此，利用 SolidWorks 软件建模过程基本结束，就可以把模型导入 ANSYS 进行前处理了。通过建模过程我们可以看出，利用 SolidWorks 软件建模操作简单且便于检查，效率和准确度更高。

图 4-1　底板和边墙

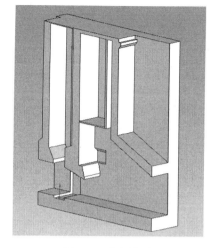

图 4-2　内部构造

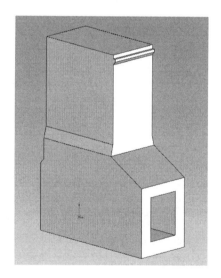

图 4-3　完整模型

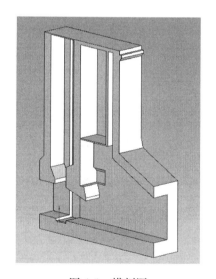

图 4-4　横剖图

4.4　SolidWorks 中实体模型导入 ANSYS 软件的接口处理

ANSYS 软件提供了一个接口界面,通过该界面可以将 CAD 几何模型从 CAD 软件包输入到 ANSYS 系统,这就大大的降低了 ANSYS 处理复杂模型的难度。常用的接口产品如表 4-1 所示。

表 4-1　部分 CAD 软件包及其被推荐的接口产品

CAD 软件包	文件类型	首选的接口产品
AutoCAD	.sat	适合于 SAT 文件的 ANSYS 接口
Pro/Engineer	.prt	适合 Pro/Engineer 软件的 ANSYS 接口
SolidWorks	.x_t	适合于 Parasolid 文件的 ANSYS 接口

综合比较上表中的三种接口产品,AutoCAD 通常用于解决二维问题,处理三维问题并不方便;Pro/Engineer 是一套由设计至生产的机械自动化软件,虽具有强大的实体建模能力,但其为英文操作界面,使得应用较为困难;SolidWorks 具有强大的三维实体建模能力,其中文操作界面更加方便学习和应用,因此对于本书研究的进水塔,通过 SolidWorks 软件建立的三维模型可以利用 ANSYS 接口工具导入 ANSYS 中进行分析。

4.4.1　SolidWorks 中实体模型文件的保存

在 SolidWorks 软件中进水塔模型建好之后,如表 4-1 所述,要将模型正确导入 ANSYS 软件进行前后处理,需要适合于 Parasolid 文件的 ANSYS 接口,即需要把模型文件保存为后缀是".x_t"的类型。具体步骤如下:

在 SolidWorks 中选择"文件→另存为",弹出"另存为"对话框,如图 4-5 所示。

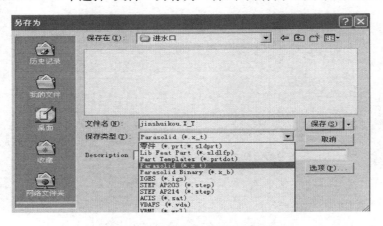

图 4-5　SolidWorks 另存为对话框

在保存类型里面选择 Parasolid(*.x_t);在"文件名"框中输入可以表述模型特征的文件名;选择要把文件保存到的文件夹,点击"保存"即可。注意,此处只有在保存类型中选择 Parasolid(*.x_t)进行保存,才可以正确导入 ANSYS 软件中进行前后处理。

4.4.2 在 ANSYS 中导入 SolidWorks 模型

在 SolidWorks 模型保存为 Parasolid(＊.x_t)类型文件之后,在 ANSYS 软件中点击"File→Import→PARA…"弹出以下对话框(图 4-6):

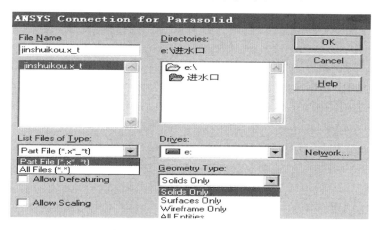

图 4-6 ANSYS 软件导入对话框

如图所示,选择要输入的 jinshuikou.x_t 文件,注意只能选择后缀为".x_t"的 Parasolid 文件,并且一次只能选择一个文件才能保证 ANSYS 的操作正确。关于几个选项的意义如下:

对于 Geometry Type,如果选择"Solids Only"表示输入实体模型,此为默认状态;"Surfaces Only"表示输入面模型;"Wireframe Only"表示输入线架模型;"All Entities"表示输入所有的图元。本例中选用的是"Solids Only"。

如果用户希望对模型进行缩放,选中"Allow Scaling"。默认状态没有选中该复选框。

如果用户希望对输入的模型进行特征识别,选中"Allow Defeauring"复选框。所谓特征识别是从零件的实体模型中自动抽取出具有特定工程意义的特征信息[85-87]。默认状态没有选中该复选框,模型保存在中性的数据库格式下。

笔者实践表明,以这两种方式导入 ANSYS 后,均可以进行 ANSYS 的前处理,只是选中"Allow Defeauring"后导入模型进行了着色,处理所需时间更长,并且导入模型不能在坐标系中进行整体移动。

当选择完成后,单击"OK"即完成了 SolidWorks 模型的导入。图 4-7 和图 4-8 即为是否选中"Allow Defeauring"选项导入模型的对比:

将模型的几何结构导入 ANSYS 后,就可以开始进行 ANSYS 的前处理分析了。分析过程中,导入模型与直接在 ANSYS 中所建模型没有区别。

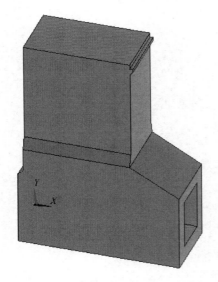

图 4-7　选中 Allow Defeauring

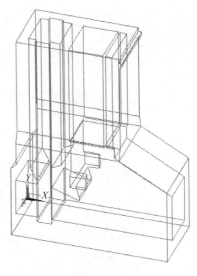

图 4-8　未选中 Allow Defeauring

参 考 文 献

毕硕本,张国建,侯荣涛,等. 2010. 三维建模技术及实现方法对比研究[J]. 武汉理工大学学报,16:26-30,83.

陈建国,张玲. 2010. CAD 三维建模技术的发展[J]. 机电技术,04:141-145.

陈龙宝,吴松. 2012. 基于 Solid Works 和 ANSYS 的液压支架设计分析[J]. 煤矿机械,02:1-3.

付翔,刘尚蔚,魏群,等. 2013. 混凝土坝体结构裂缝三维建模及虚拟现实应用[J]. 华北水利水电学院学报,
　　02:39-42.

贺晓川,安元元,幸斌. 2011. UG 三维建模技术在异形桥梁结构制作中的应用[J]. 钢结构,05:68-71.

黄俊炫,张磊,叶艺. 2012. 基于 CATIA 的大型桥梁三维建模方法[C]//中国土木工程学会计算机应用分会、
　　中国图学学会土木工程图学分会、中国建筑学会建筑结构分会计算机应用专业委员会. 计算机技术在工程
　　设计中的应用——第十六届全国工程设计计算机应用学术会议论文集:6.

李端阳,刘晶,田新星. 2013. GC 在水电站厂房蜗壳三维参数化建模设计中的应用研究[J]. 水利水电工程设
　　计,04:18-20,23,56.

李明超. 2006. 大型水利水电工程地质信息三维建模与分析研究[D]. 天津:天津大学博士学位论文.

李希龙,彭成佳,曾树元. 2008. Catia 在岩质边坡稳定计算中的应用[J]. 水力发电,07:47-51.

李宗坤,张宏洋,王建有,等. 2007. SolidWorks 建模以及与 ANSYS 的接口问题探讨[J]. 中国农村水利水电,
　　(9):82-84.

刘姣,李洪彬,钱丽娜,等. 2010. 基于 Solid Works 与 ANSYS 的挖泥船绞刀有限元分析[J]. 机械设计与研
　　究,03:64-66.

刘振平. 2010. 工程地质三维建模与计算的可视化方法研究[D]. 武汉:中国科学院研究生院(武汉岩土力学
　　研究所)博士学位论文.

陆瑞年,许国,王长海. 2008. 水电地质工程三维可视化建模及其应用[J]. 水利科技与经济,04:319-322.

罗阿妮,张桐鸣,刘贺平,等. 2010. 机械行业三维建模技术综述[J]. 机械制造,10:1-4.

宋仪,郭年根,李俊波,等.2013.数字化隧道三维建模分析[J].隧道建设,02:98-102.

魏鲁双.2009.拱坝结构三维建模软件的关键技术研究[D].成都:电子科技大学硕士学位论文.

邹宗鹏.2011.基于Pro/E的直柄麻花钻三维建模及结构参数表述[J].机械工程师,04:41-42.

徐能雄,田红,于沐.2007.适于岩体结构三维建模的非连续地层界面整体重构[J].岩土工程学报,09:1361-1366.

徐能雄,段庆伟,田红,等.2008.岩体结构三维无缝建模与四面体优化剖分[J].岩土力学,10:2811-2816.

杨利容.2013.复杂矿体结构三维建模与储量计算方法研究[D].成都:成都理工大学博士学位论文.

杨亚,王道累.2008.基于CATIA的三维钢结构快速建模技术[J].山西建筑,08:96-97.

银明,杨瑞刚,杨明亮.2012.基于Solid Works的过山车轨道三维建模仿真[J].起重运输机械,06:65-67.

俞洪明,徐永新.2012.向家坝水电站冲沙孔事故闸门Solid Works三维建模及Cosmos有限元分析[J].水电站机电技术,05:102-105.

张航,王述红,郭牡丹,等.2012.岩体隧道三维建模及围岩非连续变形动态分析[J].地下空间与工程学报,01:43-47.

张社荣,顾岩,张宗亮.2008.水利水电行业中应用三维设计的探讨[J].水力发电学报,03:65-69,53.

张学良,万金泉.2009.基于Pro/E的新型碎浆机转子的有限元分析和结构优化[J].纸和造纸,08:14-18.

赵付鹏,李海龙,马春艳.2012.CAD三维建模技术在水工建筑中的应用[J].四川水利,01:30-32.

赵广立,杨瑞刚,徐格宁,等.2011.基于Pro/E三维建模的桥式起重机桥架有限元分析[J].起重运输机械,01:8-11.

赵红,胡令.2010.摄影全站仪和PI-3000软件在水工建筑物三维建模中的应用[J].测绘通报,03:47-49.

赵晓西,李英,赵海燕.2011.AUTOCAD/ANSYS在盘石头水库泄洪洞高进水塔工程中应用[J].河南科技,09:74-75.

赵雅丽.2007.三维建模技术的研究及其在楼宇结构与管网中的应用[D].沈阳:沈阳工业大学硕士学位论文.

钟登华,王忠耀,李明超,等.2007.复杂地下洞室群工程地质三维建模与动态仿真分析[J].计算机辅助设计与图形学学报,11:1436-1441.

第 5 章　进水塔温度场及温度应力仿真分析

燕山水库进水塔进水高程 89m,结构形式为边长 6m 的正四边形有压洞,塔顶高程 121m,塔高 34.5m。进水口底板长 25m,宽 10.6m,厚 2.5m。施工采用分层施工。本章即要应用 ANSYS 软件对该进水塔施工及蓄水过程的温度场和温度应力进行仿真分析。

5.1　进水塔施工方案

5.1.1　进水塔施工方案

进水塔施工方案:闸室段混凝土水平分层进行施工,共分为 8 层。自闸室底板 ▽ 86.50m 高程向上分别是第 I 层 ▽ 86.50～▽ 89.00m 高程,第 II 层 ▽ 89.00～▽ 95.00m 高程,第 III 层 ▽ 95.00～▽ 96.80m 高程,第 IV 层 ▽ 96.80～▽ 103.04m 高程,第 V 层 ▽ 103.04～▽ 108.00m 高程,第 VI 层 ▽ 108.00～▽ 114.00m 高程,第 VII 层 ▽ 114.00～▽ 120.00m 高程,第 VIII 层 ▽ 120.00～▽ 121.00m 高程。

1) 钢筋制安

竖井钢筋制安,加工厂制作成形,自制台车运至现场绑扎、焊接。竖井墙体钢筋安装前,沿墙体内外搭设双排脚手架,按设计要求用人工先绑扎竖向钢筋,再绑扎水平钢筋,最后用钢筋支撑将内外层钢筋网稳固,拆除钢筋脚手架。竖向钢筋的长度,根据施工分层进行加工。钢筋保护层利用对拉螺栓两端的木块控制,若垫块厚度不足以充当保护层时,可以采用对拉螺栓焊接到钢筋上事先预留保护层的做法。

钢筋直径超过 Φ25 的接头采用宜昌华为钢筋连接工程有限公司生产的等规格滚压直螺纹接头套筒,专用机械压制钢筋接头,通过套筒连接钢筋接头成形。

2) 模板安装

竖井模板均采用 120cm×150cm 的组合钢模板,局部采用木模,内衬宝丽板。围檩、站筋均采用两根 Φ48×3.5 钢管并列组成,围檩间距 60cm,站筋间距 75cm。每次立模前,用电动钢丝刷清除模板表面的水泥浆并打磨光洁,均匀涂刷脱模剂;板缝用建筑专用双面胶条由专人负责事先在模板内侧粘贴整齐,以防漏浆。

竖井混凝土浇筑,8 台 2t 自卸车水平运输,垂直运输采用 1 台 25t 汽车吊,配合 1 台 40tm 塔吊,吊 1m³ 吊罐吊送混凝土溜槽入仓,分层连续施工,人工平仓,插入式振捣棒振捣,振捣时操作工人及振捣工人直接入仓位内,以保证振捣质量,层厚控制在 0.5 m 左右。

5.1.2　燕山水库进水塔采取的温控防裂措施

1. 正常施工措施

燕山水库进水塔混凝土采用河南南阳航天水泥厂生产的 PO32.5 级水泥,掺粉煤灰为平顶山姚孟电力公司生产的 Ⅰ 级灰。进水塔底板混凝土采用分层分块台阶式施工,每层混凝土浇筑入仓温度控制在 15℃ 以内,在混凝土内预埋进水冷却管,浇筑开始通水冷却 14 天,每天更换一次通水冷却方向。

进水塔竖井部分采用分层施工,混凝土浇筑完毕后,控制每层混凝土间歇时间,及时进行养护,使混凝土在规定的时间内有足够的湿润状态,养护需符合下列规定:开始养护时间由温度决定,当最高气温低于 25℃ 时,浇捣完毕 12 小时内用草垫覆盖并洒水养护。当最高气温高于 25℃ 时,浇筑完毕 6 小时内用草垫覆盖并洒水养护。洒水养护时间不少于 14 昼夜。对掺有缓凝性外加剂或有抗渗要求的混凝土,不少于 21 昼夜。洒水次数应能保持混凝土足够的湿润状态,养护初期水泥水化作用较快,洒水次数较多。气温高时,适当增加洒水次数。

2. 雨季施工措施

基本措施:
(1) 进入雨季前使砂石料场的排水设施保持畅通;
(2) 运输工具应有防雨及防滑设备;
(3) 浇筑仓面搭设防雨棚;
(4) 加强骨料含水量的测定工作。
无防雨棚仓面,在小雨中进行浇筑时,应采取下列措施:
(1) 减少混凝土拌和的用水量;
(2) 加强仓内积水的排除工作;
(3) 做好新浇混凝土面的保护工作;
(4) 防止周围的雨水流入仓内。
无防雨棚的仓面浇筑过程中,如遇大雨、暴雨,应立即停止浇筑,并遮盖混凝土表面。雨后先行排除仓内积水,受雨水冲刷的部位应立即处理。如停止浇筑的混凝土尚未超过允许间歇时间或还能重塑时,应加铺砂浆继续浇筑,否则应按工作缝处理。

3. 冬季施工措施

当日平均气温连续 5d 降至 5℃ 及以下,或者最低气温降至 0℃ 及以下时,混凝

土工程必须采用特殊的技术措施进行施工方能满足要求,即按冬季施工进行防护:

(1) 经常关注天气预报,以防气温突然下降,混凝土遭受寒流和霜冻的袭击,造成混凝土早期遭受冻害;

(2) 掺加防冻剂,其掺量以实验室出的实验报告为控制标准;

(3) 骨料用棚布遮盖,以防冰冻块混入骨料,并防止结冰块;

(4) 掺加引气型减水剂,但含气量应为 3‰～5‰,以提高混凝土的抗冻性能;

(5) 提高拌和用水的温度,采用锅炉加热水与冷水相调节,将拌和水温度提高到一定温度;

(6) 浇筑好的成品混凝土的保护:出口消能段及进水塔等外部混凝土的保护,先用塑料薄膜覆盖,然后在其上另行覆盖一层草帘进行保温,以避免温降过大。

5.2　进水塔施工期温度场及温度应力 ANSYS 仿真分析

5.2.1　进水塔施工过程仿真方案

闸室段混凝土水平分层进行施工,共分为 8 层。自闸室底板 ▽ 86.50m 高程向上分别是第 Ⅰ 层 ▽ 86.50～▽ 89.00m 高程,浇筑及养护日期为:2005 年 10 月 28 日～2005 年 11 月 21 日共计 25 天;第 Ⅱ 层 ▽ 89.00～▽ 95.00m 高程,浇筑及养护日期为:2005 年 11 月 22 日～2005 年 12 月 16 日共计 25 天;第 Ⅲ 层 ▽ 95.00～▽ 96.80m 高程,浇筑及养护日期为:2005 年 12 月 17 日～2006 年 1 月 24 日共计 39 天;第Ⅳ层 ▽ 96.80～▽ 103.04m 高程,浇筑及养护日期为:2006 年 1 月 25 日～2006 年 2 月 25 日共计 32 天;第Ⅴ层 ▽ 103.04～▽ 108.00m 高程,浇筑及养护日期为:2006 年 2 月 26 日～2006 年 3 月 28 日共计 31 天;第 Ⅵ 层 ▽ 108.00～▽ 114.00m 高程,浇筑及养护日期为:2006 年 3 月 29 日～2006 年 4 月 24 日共计 27 天;第Ⅶ层 ▽ 114.00～▽ 120.00m 高程,浇筑及养护日期为:2006 年 4 月 25 日～2006 年 5 月 16 日共计 22 天;第Ⅷ层 ▽ 120.00～▽ 121.00m 高程,浇筑及养护日期为:2006 年 5 月 17 日～2006 年 6 月 4 日共计 19 天。

施工期计算选取 221 天,以 2005 年 10 月 28 日为施工计算起始日期,以 2006 年 6 月 4 日为施工计算结束期。

5.2.2　进水塔施工期温度场 ANSYS 仿真分析

1) 计算参数选取

混凝土及模板、铺盖的相关参数如表 5-1 所示。

表 5-1　混凝土及模板、铺盖的相关参数

材料类型	密度/(kg/m³)	导热系数/(kJ/(m·h·℃))	比热/(kJ/(kg·℃))	放热系数/(kJ/(m²·h·℃))
混凝土	2447.5	9.47	0.92	75
钢模板	—	—	—	55
稻草席	—	—	—	10

计算选取混凝土浇筑温度恒定为 10℃。

水泥水化热采用指数公式：

$$Q(t) = 71610 \times [1 - \exp(-0.36 \times day)] \tag{5-1}$$

河南省叶县每月平均气温如表 5-2 所示。

表 5-2　叶县月平均气温

月份	10	11	12	1	2	3	4	5	6
气温/℃	15.8	9.1	3.1	1.1	3	8.6	15.1	21	26.5

施工从 2005 年 10 月 28 日开始，2006 年 6 月 4 日结束，月平均气温取值如表 5-3 所示。

表 5-3　施工计算期叶县月平均气温

天数	0	18	48	79	110	138	169	204	221
气温/℃	12.4	9.1	3.1	1.1	3	8.6	15.1	21.9	26.2

对施工期气温变化采用拟合余弦曲线，根据上表有

$$T = 26.1 - 25.1 \times \cos[\pi \times (day - 79)/284] \tag{5-2}$$

2) 进水塔施工期温度场 ANSYS 分析结果

ANSYS 温度场分析采用 Solid70 实体单元，鉴于六面体单元的精度高于四面体单元，因此对进水塔进行网格划分时，全部采用六面体单元。

施工期结束温度及最高温度等值线图如图 5-1 和图 5-2 所示。

由图 5-1 和图 5-2 知，进水塔施工期最高温度 29.934℃，发生在浇筑的第 206 天，即最顶层浇筑后的第 4 天。其后温度逐渐降低，到浇筑的第 221 天，即施工计算结束期温度为 26.091℃。

由施工方案知，进水塔混凝土浇筑温度为 10℃，最大温升仅为 19.934℃，说明采用分层施工、麦秆铺盖、洒水养护的措施效果明显，施工质量良好。

为更好的说明施工期进水塔混凝土温度变化情况，在底板以上竖井部分，每一浇筑层各选取 1 个特征点，绘出其温度变化情况，特征点坐标及最高温度如表 5-4

所示。

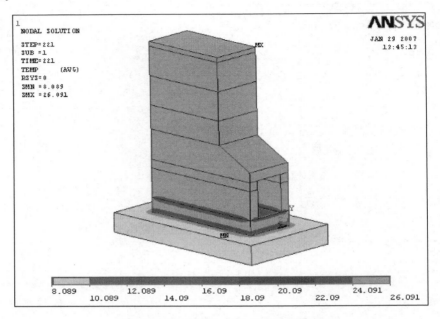

图 5-1　进水塔施工结束温度等值线图

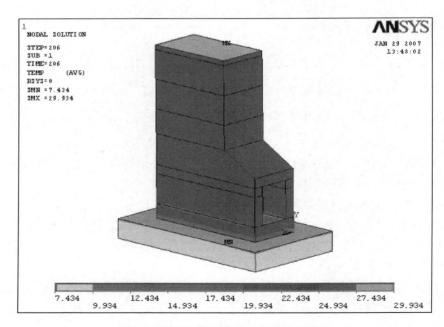

图 5-2　进水塔施工期最高温度等值线图

表 5-4　特征点坐标及最高温度

特征点编号	X 坐标	Y 坐标	Z 坐标	最高温度/℃
2	1	6	17.632	24.268
3	5	9.9	16.632	24.353
4	5	16.04	8.632	25.743
5	5	20.016	16.632	24.346
6	8	25	8.632	26.611
7	2	30	24	29.224
8	5	34.5	16.632	29.934

特征点温度变化如图 5-3 中 nodetemp2 至 nodetemp8 所示,气温变化曲线如图 5-3 中 nodetemp9 所示。

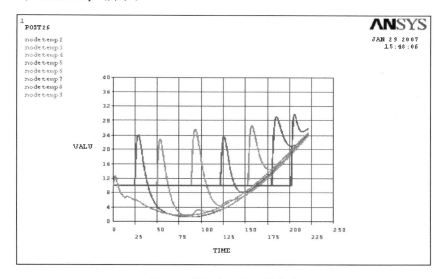

图 5-3　特征点温度变化曲线

由图 5-3 知,进水塔竖井部分混凝土在浇筑初期 3～4 天即达到最大温度,其后温度逐渐降低,逐渐接近气温变化。特征点 8,坐标(5,34.5,16.632),为浇筑计算期温度最高的点,温度达到 29.934℃。特征点 4,坐标(5,16.04,16.632),为温差最大的点,最大温差 23.534℃,其变化曲线如图 5-4 所示。

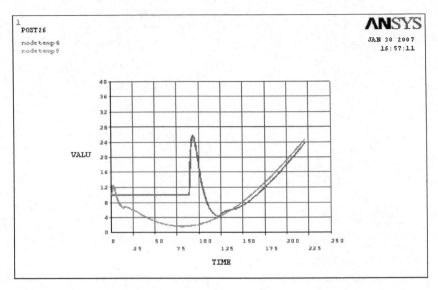

图 5-4　特征点 4 温度变化及气温变化曲线

图 5-4 中 nodetemp9 浅色曲线代表气温变化曲线。特征点 4 从第 90 天开始浇筑,施工期最高温度为 25.743℃,出现在浇筑的第 3 天,计算期的第 93 天。其后,温度逐渐降低,并与气温变化逐渐一致。

5.2.3　进水塔施工期温度应力 ANSYS 仿真分析

结构在加热或者冷却时,会发生膨胀或收缩。如果结构中各部分由于约束的作用导致膨胀与收缩不一致,就会产生温度应力。ANSYS 软件提供了以下三种温度应力分析的方法。

（1）间接法:首先进行温度场分析,然后将求得的节点温度作为体荷载施加在结构应力分析中。

（2）直接法:使用具有温度和位移自由度的耦合单元,同时得到温度场分析和结构应力分析的结果。

（3）在结构应力分析中直接定义节点温度,节点温度在应力分析中作为体荷载,而不是节点自由度。

这三种方法可应用于不同的状况,如果节点温度为已知,则可使用第三种方法;如果热和结构的耦合是双向的情况,即热分析影响结构分析,同时结构分析又会影响热分析,应使用第二种方法——直接法;对于大多数节点温度未知,热和结构的耦合不是双向的情况,推荐使用第一种方法——间接法,这样可以使用所有热分析的功能和结构分析的功能。

　　本书研究的进水塔施工期温度场及温度应力分析,属于温度未知情况,且热与结构的耦合是单向的,故采用第一种方法——间接法进行分析,即把温度场分析计算所得的节点温度作为体荷载施加到结构分析中。

　　1)计算参数选取

　　混凝土相关参数如表 5-5 所示。

表 5-5　混凝土相关参数

材料类型	密度/(kg/m³)	线膨胀系数/(1/℃)	泊松比
混凝土	2447.5	9×10^{-6}	0.167

　　考虑进水塔混凝土的水泥品种、骨料品种、水灰比、外加剂、粉煤灰等因素,对混凝土徐变效应,采用了以下徐变度公式:

$$C = \frac{\left[0.23 \times (1 + 9.2 \times \mathrm{day}^{-0.45}) \times (1 - e^{t_1}) + 0.52 \times (1 + 1.17 \times \mathrm{day}^{-0.45}) \times (1 - e^{t_2})\right]}{3.6 \times 10^{10}}$$

$$(5\text{-}3)$$

式中,$t_1 = -0.3 \times (\mathrm{day} - 3)$,$t_2 = -0.005 \times (\mathrm{day} - 3)$,当 $t_1 < -80$ 时,取 $t_1 = -80$,当 $t_2 < -80$ 时,取 $t_2 = -80$。

　　不考虑混凝土徐变效应模量公式:

$$E_1 = \left[1 - \exp(-0.40 \times \mathrm{day}^{0.34})\right] \times 3.6 \times 10^{10} \qquad (5\text{-}4)$$

　　考虑混凝土的徐变的影响,采用等效的混凝土弹性模量公式:

$$E = E_1 / (1 + E_1 \times C) \qquad (5\text{-}5)$$

　　2)进水塔施工期温度应力 ANSYS 分析结果

　　ANSYS 温度应力分析中,采用间接法进行分析,即将热分析 Solid70 实体单元转换为 Solid45 实体单元,将热分析中计算出的节点温度作为体荷载施加到结构中。

　　进水塔施工期最高温度应力等值线图如图 5-5 所示。

　　由图 5-5 知,进水塔施工期最大拉应力为 1.68MPa,发生在浇筑的第 90 天,即第三层混凝土浇筑养护结束,第四层混凝土刚刚开始浇筑时。

　　为更好的说明施工期进水塔混凝土温度应力变化情况,仍然在底板以上竖井部分,每一浇筑层各选取 1 个特征点,绘出其温度应力变化情况,如图 5-6 和图 5-7,特征点位置同温度特征点位置,如表 5-6 所示。

　　由图 5-6 和图 5-7 可知,进水塔在施工期,特征点 9(S1_9)温度应力最大,达到1.68MPa,发生在本浇筑层浇筑后的第 40 天(总施工期的第 90 天)。而相比较而言,最大温差处(特征点 4)和最大升温处(特征点 8)的温度应力分别只有

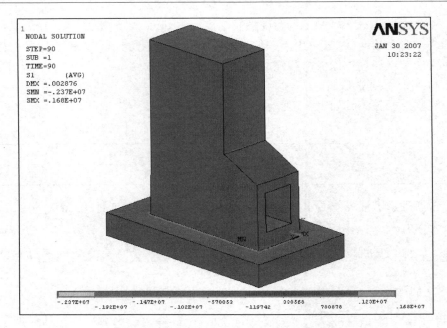

图 5-5　施工期最高温度应力等值线图

0.382MPa 和 0.143MPa。

表 5-6　特征点坐标及最大拉应力

特征点编号	X 坐标	Y 坐标	Z 坐标	最大拉应力/MPa
2	1	6	17.632	0.526
3	5	9.9	16.632	0.262
4	5	16.04	8.632	0.382
5	5	20.016	16.632	0.373
6	8	25	8.632	0.171
7	2	30	24	0.136
8	5	34.5	16.632	0.143
9(最大应力点)	8	10.8	7.632	1.680

对于特征点 9,坐标(8,10.8,7.632),温度应力最大,达到 1.68MPa,出现在第 90 天,并随着时间迅速下降。从坐标上看,它处于进水塔混凝土第三层和第四层接触面,最大温度应力产生于第三层混凝土浇筑养护完毕,第四层混凝土开始浇筑时。因此可以判断,特征点 9 的最大温度应力是由于上层混凝土浇筑时上下两层混凝土瞬时温差产生。

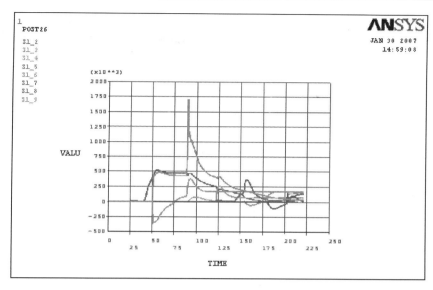

图 5-6　施工期特征点温度应力变化图

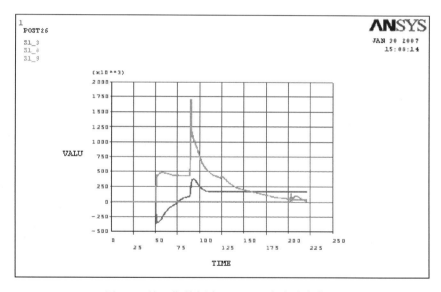

图 5-7　施工期特征点 4、8、9 温度应力变化图

对于判断进水塔施工期所产生的温度应力是否超过混凝土极限拉应力,产生裂缝,本书绘出了以下混凝土极限拉应力变化与特征点拉应力变化比较曲线,如图 5-8 所示。

其中混凝土极限拉应力计算采用以下公式:

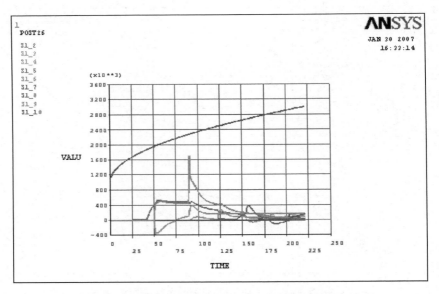

图 5-8　混凝土极限拉应力变化与施工期特征点温度应力变化比较图

$$R_t = 0.232 \times 10^6 \times \{33.5 \times [1 + 0.2 \times \ln(\text{day}/28)]\}^{2/3} \qquad (5\text{-}6)$$

由图 5-8，S1_10 曲线表示混凝土极限拉应力随龄期的变化曲线，由图比较可知，进水塔施工期特征点温度应力均小于混凝土极限拉应力。因此可知，进水塔在施工期不会出现温度裂缝，这与现场观测相符。

5.3　进水塔模拟蓄水期温度场及温度应力 ANSYS 分析

本节将对进水塔两个不同时段进行蓄水的工况进行模拟，以分析不同工况下进水塔温度场及温度应力变化。

5.3.1　工况 1

1. 进水塔蓄水模拟方案

燕山水库仍处于建设期，并没有进行蓄水。本节将对燕山水库进水塔进行模拟蓄水，以研究其在蓄水期温度场及温度应力变化情况，为以后燕山水库蓄水期温度控制提供参考。

蓄水模拟方案：蓄水期为 16 天，从 2007 年 5 月 15 日开始，每天蓄水 1.5m，蓄水高程为 89m～113m。蓄水期取恒定水温 18℃。计算期从 2007 年 5 月 15 日开始至 2007 年 10 月 15 日，共计 150 天。

2. 进水塔模拟蓄水期温度场 ANSYS 分析

由于模拟蓄水期在进水塔施工完毕(2006 年 6 月 4 日)一年以后,故认为进水塔混凝土水化过程已经完毕,混凝土自身不再产生热量,其温度主要随气温和水温变化。

1) 计算参数选取

混凝土相关参数如表 5-7 所示。

表 5-7　混凝土相关参数

材料类型	密度 /(kg/m³)	导热系数 /(kJ/(m·h·℃))	比热 /(kJ/(kg·℃))	放热系数 /(kJ/(m²·h·℃))
混凝土	2447.5	9.47	0.92	75

计算取混凝土参考温度:$T_0 = 14℃$。

计算期取气温按照余弦变化:

$$T = 15.8 + 11.9 \times \cos[\pi \times (day - 60)/180] \tag{5-7}$$

蓄水期,即从 1～16 天,取水温 $T_0 = 18℃$。

蓄水结束后,即从第 17～150 天;

高程 89～107m,取恒定水温 $T_0 = 18℃$。

高程 107～110m,水温按照余弦变化:

$$T = 18 + 2 \times \cos[\pi \times (day - 60)/180] \tag{5-8}$$

高程 110～112m,水温按照余弦变化:

$$T = 18 + 3 \times \cos[\pi \times (day - 60)/180] \tag{5-9}$$

高程 112～113m,水温按照余弦变化:

$$T = 18 + 5 \times \cos[\pi \times (day - 60)/180] \tag{5-10}$$

ANSYS 温度场分析仍采用 Solid70 实体单元,对进水塔进行网格划分时,仍采用六面体单元。

2) 初始条件和边界条件处理

一般初始瞬时的温度分布可以认为是均为的,即 $T = T(x, y, z, 0) = T_0 =$ 常数,在混凝土蓄水期温度计算过程中,初始温度取为参考温度。

边界条件通常用四种方式给出,这在本书第二章已经说明。本节研究的蓄水期混凝土与水接触的边界属于第一类边界条件:混凝土表面温度是时间的已知函数,即混凝土与水接触的表面温度取恒等于水温。

混凝土与空气接触的边界仍按照第三类边界条件处理。

3）进水塔蓄水期温度场 ANSYS 分析结果

蓄水期结束温度等值线图、蓄水计算期结束温度等值线图和蓄水期最高温度等值线图见图 5-9～图 5-11。

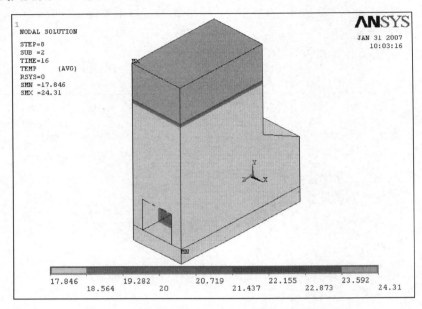

图 5-9　蓄水期结束温度等值线图

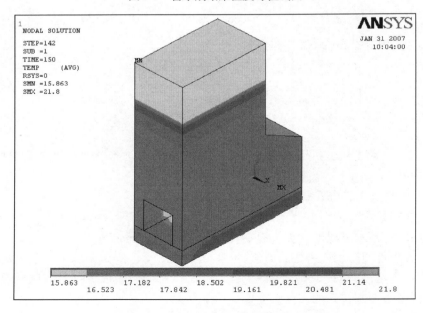

图 5-10　蓄水计算期结束温度等值线图

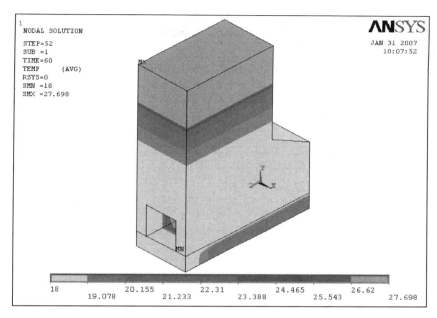

图 5-11　蓄水期最高温度等值线图

　　由图 5-9 至图 5-11 知,进水塔蓄水计算期最高温度 27.698℃,发生在蓄水计算期的第 60 天,出现在进水塔混凝土与空气接触的表面,说明其温度表征气温的变化。由于混凝土参考温度为 14℃,故其最大温差为 13.698℃。与水接触的混凝土表面温度随水温变化。

　　为更好的说明蓄水期进水塔混凝土温度变化情况,根据蓄水高程,每一蓄水层各选取 1 个特征点,绘出其温度变化曲线。特征点(表 5-8)温度变化如图 5-12 中 nodetemp2 至 nodetemp7 所示,气温变化曲线如图 5-12 中 nodetemp8 所示。

表 5-8　特征点坐标及最高温度

特征点编号	X 坐标	Y 坐标	Z 坐标	最高温度/℃
2	5	2	23	18.979
3	1	7	23	18.145
4	1	23	13.632	22.221
5	5	25	8.632	23.729
6	5	27	24	24.413
7	5	35	17.632	27.698

　　蓄水计算期进水塔水下部分混凝土最高温度为 24.413℃,发生在第 64 天,出

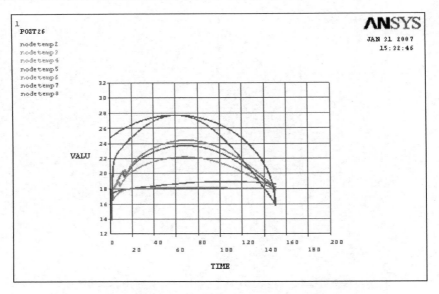

图 5-12　特征点蓄水期温度及气温变化曲线

现在高程 116m 处。蓄水计算期进水塔混凝土最高温度 27.698℃，出现在混凝土与空气接触的表面。这主要是在蓄水计算期的第 60 天左右，正处于 7 月中旬，气温较高，平均气温达到 27.7℃，因此混凝土温度最高。

3. 进水塔蓄水期温度应力 ANSYS 模拟分析

如上所述，ANSYS 软件提供了以下三种温度应力分析的方法。

（1）间接法：首先进行温度场分析，然后将求得的节点温度作为体荷载施加在结构应力分析中。

（2）直接法：使用具有温度和位移自由度的耦合单元，同时得到温度场分析和结构应力分析的结果。

（3）在结构应力分析中直接定义节点温度，节点温度在应力分析中作为体荷载，而不是节点自由度。

本节研究的进水塔蓄水期温度应力分析，仍采用第一种方法——间接法进行分析，即把温度场分析计算所得的节点温度作为体荷载施加到结构分析中。

本节中分析进水塔蓄水期的温度应力，除了考虑温度应力外，还要考虑水荷载，将水荷载作为面荷载施加到混凝土与水接触的表面。

1）计算参数选取

混凝土相关参数同施工期如表 5-9 所示。

表 5-9　混凝土相关参数

材料类型	密度/(kg/m³)	线膨胀系数/(1/℃)	泊松比
混凝土	2447.5	9×10^{-6}	0.167

采用了以下徐变度公式:

$$C = \frac{[0.23\times(1+9.2\times\text{day}^{-0.45})\times(1-e^{t_1})+0.52\times(1+1.17\times\text{day}^{-0.45})\times(1-e^{t_2})]}{3.6\times10^{10}}$$

(5-11)

式中, $t_1 = -0.3\times(\text{day}-3)$, $t_2 = -0.005\times(\text{day}-3)$, 当 $t_1 < -80$ 时, 取 $t_1 = -80$, 当 $t_2 < -80$ 时, 取 $t_2 = -80$。

不考虑混凝土徐变效应模量公式:

$$E_1 = [1-\exp(-0.40\times\text{day}^{0.34})]\times3.6\times10^{10}$$ (5-12)

考虑混凝土的徐变的影响, 采用等效的混凝土弹性模量公式:

$$E = E_1/(1+E_1\times C)$$ (5-13)

2) 进水塔蓄水期温度应力 ANSYS 分析结果

将热分析中的 Solid70 实体单元转换为 Solid45 实体单元。将热分析中计算出的节点温度作为体荷载施加到结构中。

进水塔蓄水期最高温度应力如图 5-13 所示。

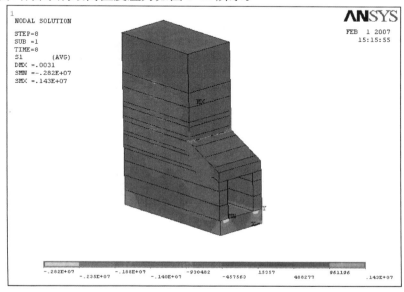

图 5-13　进水塔蓄水期最高温度应力等值线图

由图 5-13 知,进水塔蓄水期最大拉应力为 1.43MPa,发生在蓄水的第 8 天,即蓄水至高程 101m 时。

为更好地说明蓄水期进水塔混凝土拉应力的变化情况,根据蓄水高程,每一蓄水层各选取 1 个特征点,绘出其拉应力变化曲线。特征点坐标及最大拉应力如表 5-10 所示。

表 5-10　特征点坐标及最高温度

特征点编号	X 坐标	Y 坐标	Z 坐标	最大拉应力/MPa
2	5	2	23	—
3	1	7	23	0.075
4	1	23	13.632	0.22
5	5	25	8.632	0.26
6	5	27	24	0.12
7	5	35	17.632	0.23
8	10	15.04	7.632	1.43
9	0	27	7.632	1.21

特征点 2～7 拉应力变化曲线和特征点 8～9 与混凝土极限拉应力变化比较曲线见图 5-14 和图 5-15。

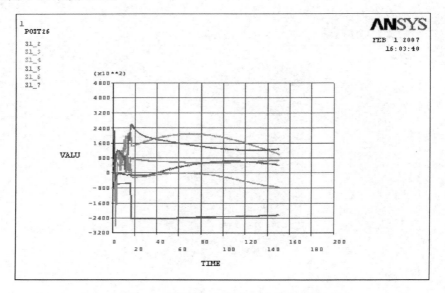

图 5-14　特征点 2～7 拉应力变化曲线

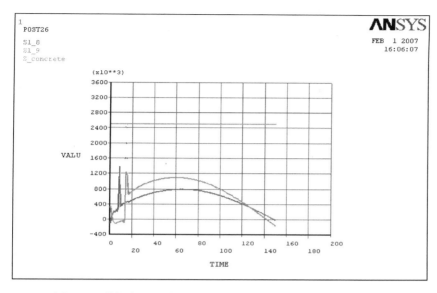

图 5-15　特征点 8～9 拉应力变化与混凝土极限拉应力比较曲线

由表 5-9 和图 5-14、图 5-15 知,混凝土极限拉应力曲线为图中水平线(S_concrete)。特征点 2～9 中最大拉应力均不超过 1.5MPa,远小于混凝土极限拉应力,因此可以得出结论,进水塔在蓄水期不会产生裂缝。其中特征点 8,坐标(10,15.04,7.632),是蓄水期拉应力最大的点,最大拉应力为 1.43MPa;特征点 9,坐标(0,27,7.632),是蓄水期进水塔混凝土表面最高水位对应的点,最大拉应力为 1.21MPa。

5.3.2　工况 2

1. 进水塔蓄水模拟方案

蓄水模拟方案:蓄水期为 16 天,从 2006 年 6 月 5 日开始,每天蓄水 1.5m,蓄水高程为 89～113m。蓄水期取恒定水温 19℃。计算期从 2006 年 6 月 5 日开始至 2006 年 11 月 5 日,共计 150 天。

2. 进水塔模拟蓄水期温度场 ANSYS 分析

由于模拟蓄水期在进水塔施工完毕(2006 年 6 月 4 日)即开始,部分进水塔混凝土水化过程仍未完毕,其温度仍然与水化热、气温和水温有关。

1) 计算参数选取

混凝土相关参数同上节如表 5-11 所示。

表 5-11　混凝土相关参数

材料类型	密度/(kg/m³)	导热系数/(kJ/(m·h·℃))	比热/(kJ/(kg·℃))	放热系数/(kJ/(m²·h·℃))
混凝土	2447.5	9.47	0.92	75

计算取水化热公式同式(5-1)：

$$Q(t) = 71610 \times [1 - \exp(-0.36 \times \text{day})]$$

计算取混凝土参考温度 $T_0 = 14℃$。

计算期取气温按照余弦变化：

$$T = 9.1 + 18.6 \times \cos[\pi \times (\text{day} - 30)/240] \tag{5-14}$$

蓄水期，即从 1～16 天，取水温 $T_0 = 19℃$。

蓄水结束后，即从第 17～150 天：

高程 89～107m，取恒定水温 $T_0 = 19℃$。

高程 107～110m，水温按照余弦变化：

$$T = 19 + 2 \times \cos[\pi \times (\text{day} - 30)/240] \tag{5-15}$$

高程 110～112m，水温按照余弦变化：

$$T = 19 + 3 \times \cos[\pi \times (\text{day} - 30)/240] \tag{5-16}$$

高程 112～113m，水温按照余弦变化：

$$T = 19 + 5 \times \cos[\pi \times (\text{day} - 30)/240] \tag{5-17}$$

ANSYS 温度场分析仍采用 Solid70 实体单元，对进水塔进行网格划分时，仍采用六面体单元。

2) 初始条件和边界条件处理

在混凝土蓄水期温度计算过程中，初始温度取为参考温度。

本节研究的蓄水期混凝土与水接触的边界属于第一类边界条件：混凝土表面温度是时间的已知函数，即混凝土与水接触的表面温度取恒等于水温。

混凝土与空气接触的边界仍按照第三类边界条件处理。

3) 进水塔蓄水期温度场 ANSYS 分析结果

蓄水期最高温度等值线图见图 5-16。

由图 5-16 知，进水塔蓄水计算期最高温度 27.953℃，略高于气温，发生在蓄水计算期的第 30 天，出现在进水塔混凝土与空气接触的表面。由于混凝土参考温度为 14℃，故其最大温差为 13.953℃。与水接触的混凝土表面温度随水温变化。

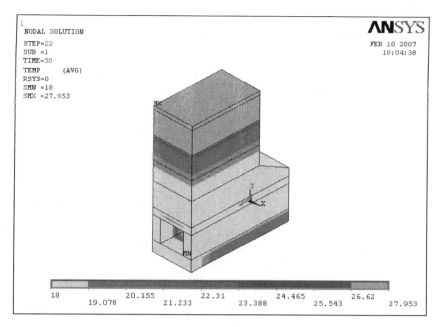

图 5-16　蓄水期最高温度等值线图

3. 进水塔蓄水期温度应力 ANSYS 模拟分析

本节研究的进水塔蓄水期温度应力分析,仍采用第一种方法——间接法进行分析,即把温度场分析计算所得的节点温度作为体荷载施加到结构分析中。

本节中分析进水塔蓄水期的温度应力,除了考虑温度应力外,还要考虑水荷载,将水荷载作为面力施加到混凝土与水接触的表面。

1) 计算参数选取

混凝土相关参数同施工期如表 5-12 所示。

表 5-12　混凝土相关参数

材料类型	密度/(kg/m³)	线膨胀系数/(1/℃)	泊松比
混凝土	2447.5	9×10^{-6}	0.167

采用了式(5-11)的徐变度公式:

$$C = \frac{[0.23 \times (1 + 9.2 \times \text{day}^{-0.45}) \times (1 - e^{t_1}) + 0.52 \times (1 + 1.17 \times \text{day}^{-0.45}) \times (1 - e^{t_2})]}{3.6 \times 10^{10}}$$

式中,$t_1 = -0.3 \times (\text{day} - 3)$,$t_2 = -0.005 \times (\text{day} - 3)$,当 $t_1 < -80$ 时,取 $t_1 = -80$,当 $t_2 < -80$ 时,取 $t_2 = -80$。

不考虑混凝土徐变效应模量公式同式(5-12)：$E_1 = [1 - \exp(-0.40 \times day^{0.34})] \times 3.6 \times 10^{10}$。

考虑混凝土的徐变的影响，采用等效的混凝土弹性模量公式同式(5-13)：

$$E = E_1/(1 + E_1 \times C)$$

2）进水塔蓄水期温度应力 ANSYS 分析结果

将热分析 Solid70 实体单元转换为 Solid45 实体单元。将热分析中计算出的节点温度作为体荷载施加到结构中。

进水塔蓄水期最高温度应力如图 5-17 所示。

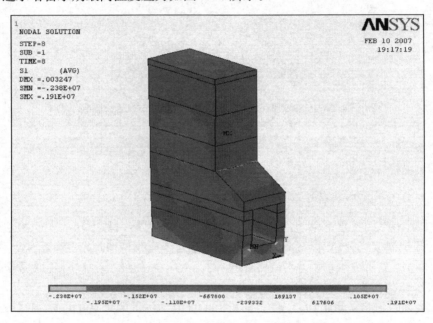

图 5-17　蓄水期最高温度应力等值线图

由图 5-17 知，进水塔蓄水期最大拉应力为 1.91MPa，发生在蓄水的第 8 天，即蓄水至高程 101m 时。

最大拉应力点坐标(10,15.04,7.632)，其拉应力变化与混凝土极限拉应力比较曲线如图 5-18 所示。

由图 5-18 知，混凝土极限拉应力曲线为图中水平线(S_concrete)。最大拉应力不超过 2.0MPa，远小于混凝土极限拉应力，因此可以得出结论，进水塔在蓄水期不会产生裂缝。

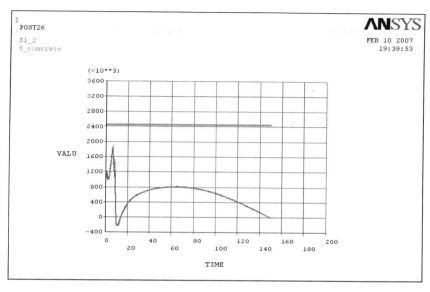

图 5-18　最大拉应力变化与混凝土极限拉应力比较曲线

5.4　小　　结

　　本章中,笔者应用了机械三维 CAD 软件 SolidWorks 对燕山水库进水塔进行建模,并解决了其与有限元软件 ANSYS 的接口问题,这不仅打破了 SolidWorks 仅仅应用在机械设计方面的局限,拓宽了 SolidWorks 的应用范围,而且很好地解决了 ANSYS 处理复杂模型时建模困难的问题,为充分发挥 ANSYS 强大的计算分析能力提供了基础。

　　同时,笔者通过对进水塔施工期和模拟蓄水期两种工况下温度场和温度应力的 ANSYS 仿真分析知,对进水塔施工可以采用分层施工、麦秆铺盖、洒水养护的温控方案,对控制温度裂缝效果良好。施工期混凝土最大拉应力出现在新老浇筑层接触面,虽然没有超过混凝土极限拉应力,但是说明在施工过程中要格外注意新老接触面的温度应力问题,尤其是在新老混凝土层间歇较长时间时,应该对老混凝土层进行相应处理。对于蓄水期两种不同工况,进水塔均不会出现裂缝,最大拉应力均发生在蓄水未完成期,出现在进水塔两次蓄水的交接面,虽然没有超过混凝土极限拉应力,但是说明在蓄水过程中要格外注意两次蓄水交接面的混凝土拉应力问题。其中,在混凝土浇筑一年后蓄水最大拉应力明显小于混凝土浇筑一个月后蓄水产生的最大拉应力,说明在施工期结束后间隔一定时间更有利于降低混凝土的拉应力。

参 考 文 献

安鹏,邢义川,张爱军.2013.基于部分保温法的渠道保温板厚度计算与数值模拟[J].农业工程学报,17:
　　54-62.

边真.2012.大体积混凝土温度应力时效分析与控制研究[D].西安:长安大学硕士学位论文.

陈汉珍,肖守讷.2008.基于 APDL 语言参数化建模和加载的曲轴疲劳寿命评估[J].机械与电子,04:59-61.

陈和群,陈里红,梅明荣,等.1992.小浪底水库发电排沙洞进水塔温控设计的仿真分析[J].人民黄河,12:36-
　　39,61.

陈辉,李盛.2013.温度作用下钢筋混凝土梁裂缝分析与 ANSYS 仿真模拟[J].工程建设与设计,01:69-71.

陈上品,洪飞,王立成.2007.拉西瓦水电站进水塔混凝土及竖井开挖技术[J].水力发电,11:72-73.

陈震,徐远杰.2010.基于波动理论的高进水塔非线性有限元分析[J].土木工程学报,S1:560-566.

程晓敏,蒋立靖.2012.面向相变材料温度场模拟的 ANSYS 二次开发[J].武汉理工大学学报(信息与管理工
　　程版),05:535-538.

崔苗,杜文风.2006.ANSYS 的 APDL 参数化建模[J].微计算机应用,05:635-637.

邓发杰.2007.基于 ANSYS 二次开发的预应力混凝土曲线刚构桥施工仿真分析[D].长沙:中南大学硕士学
　　位论文.

丁晓飞,李江.2012.贵州构皮滩水电站引水发电系统进水塔砼施工技术[J].中国西部科技,02:27-28.

范雪宁,胡永生.2009.小浪底南岸进水塔温控措施[J].河南水利与南水北调,10:86-87.

费康.2008.ABAQUS 软件在高进水塔动力分析中的应用[J].水利与建筑工程学报,04:10-12,19.

傅作新,陈里红,陈和群,等.1993.小浪底枢纽进水塔混凝土的温度控制问题[J].河海科技进展,04:50-57.

宫经伟,周宜红,严新军,等.2011.基于温控参数折减有限元法的水库进水塔-地基结构稳定分析[J].四川大
　　学学报(工程科学版),04:21-26.

黄虎.2007.大型水电站分层进水塔静动力数值仿真[D].天津:天津大学硕士学位论文.

黄虎.2010.高耸分层取水结构动响应特性及叠梁闸门振动研究[D].天津:天津大学博士学位论文.

黄虎,李昇,张建伟.2012.基于流固耦合的高耸进水塔动水压力分布研究[J].水力发电,06:30-33.

黄旭东,任旭华,张继勋.2012.水电站进水塔结构抗震性能评估[J].水电能源科学,09:85-88,205.

贾福杰.2011.混凝土半绝热温升试验与有限元模拟计算的研究[D].中国建筑材料科学研究总院.

井向阳,周伟,刘俊,等.2013.高碾压混凝土坝快速施工过程中的温度控制措施[J].武汉大学学报(工学版),
　　01:99-104,108.

康迎宾,张鹏,王亚春,等.2013.河口村水库泄洪洞进水塔温度应力仿真[J].人民黄河,04:83-85.

李宝勇.2008.光照水电站分层取水进水塔快速施工技术[J].水利水电施工,03:24-27.

李桂庆.2007.水库进水塔三维有限元动力分析[D].呼和浩特:内蒙古农业大学硕士学位论文.

李梁,张超,张振洲,等.2013.基于热流管单元的大体积混凝土—期冷却效果精细模拟[J].武汉大学学报(工
　　学版),04:442-448.

李明堂.2012.筒仓大体积基础温度场有限元模拟[J].硅谷,04:153.

李荣.2012.思林碾压混凝土重力坝温度场及含温度荷载的静力分析[J].治淮,07:16-17.

李昭辉,何文洲,孙建萍,等.2009.燕山水库泄洪洞进水塔施工期观测资料分析[J].水电能源科学,06:
　　152-154.

林峰,段亚辉.2012.溪洛渡水电站无压泄洪洞衬砌混凝土秋季施工温控方案优选[J].中国农村水利水电,
　　07:132-136,140.

刘承.2013.砌筑墙体的 ANSYS 三维稳态热分析方法[J].砖瓦,03:47-52.

刘玲玲,杨梅. 2012. 有限元网格精度对计算混凝土温度和应力场的影响——以施工期大坝为例[J]. 水电与新能源,04:35-37.

刘艳萍. 2005. 桥梁预应力钢筋混凝土结构局部有限元分析的 ANSYS 二次开发[D]. 武汉:华中科技大学硕士学位论文.

刘招,苗隆德. 2004. 基于 APDL 的混凝土面板堆石坝三维非线形有限元分析[J]. 西北水力发电,04:17-20.

陆敏恂,南国腾,周爱国. 2013. 基于 ANSYS 的接触热阻的有限元分析[J]. 流体传动与控制,06:34-37.

逯跃林. 2012. 大体积混凝土刚度变化时温度应力及配筋分析[D]. 西安:长安大学硕士学位论文.

吕克鹏,李波. 2013. 构皮滩水电站进水塔混凝土施工工艺控制[J]. 水利水电施工,01:22-25.

吕学涛,杨华,张素梅. 2011. Effect of contact thermal resistance on temperature distributions of concrete-filled steel tubes in fire[J]. Journal of Harbin Institute of Technology,01:81-88.

骆鸣. 2006. 浅谈 VB 在 ANSYS 二次开发中的应用[J]. 天津职业院校联合学报,05:53-56.

乔晨,程井,李同春. 2012. 沙沱碾压混凝土坝施工期温度应力仿真分析[J]. 南水北调与水利科技,02:150-153.

任灏,张宏洋,王凤恩. 2012. ANSYS 二次开发技术在冷却塔设计中的应用[J]. 科技创业家,20:94.

任堂. 2010. 水电站岸塔式进水塔结构影响动态响应因素分析[D]. 西安:西安理工大学硕士学位论文.

宋立新. 2011. 马鹿塘水电站二期工程进水塔砼浇筑施工方案[J]. 科技风,12:142-144.

孙明明,侯力,王炳炎,等. 2007. APDL 参数化三维建模的曲轴有限元模态分析[J]. 机械设计与制造,01:3-5.

孙全胜,张德平. 2012. 大体积混凝土水化热温度效应的研究[J]. 低温建筑技术,01:5-7.

孙文杰. 2013. 水电站进水塔的抗震特性与稳定性研究[D]. 大连:大连理工大学硕士学位论文.

孙小兵,李新明. 2010. 塔式进水口抗震性能研究[J]. 中国农村水利水电,03:87-90.

汤修映,肖丹,刘岭,等. 2011. ADAMS、Pro/E 和 ANSYS 间数据的自动传输技术[J]. 农业机械学报,06:193-197.

田野,金贤玉,金南国. 2012. 基于水泥水化动力学和等效龄期法的混凝土温度开裂分析[J]. 水利学报,S1:179-186.

王文军. 2009. 岳城水库进水塔碳化原因的分析及预防处理[J]. 海河水利,06:75-76.

王晓晨,杨荃,刘瑞军,等. 2013. 基于 ANSYS 有限元法的热卷箱内中间坯温度场分析[J]. 北京科技大学学报,04:454-458.

吴礼国,周定科,邓方明,等. 2011. 大体积混凝土浇筑温度场的仿真分析[J]. 水运工程,07:36-40.

夏瑞武. 2008. APDL 参数化有限元分析技术及其应用[J]. 机电产品开发与创新,02:103-104.

夏卫明,许闻,胡斌,等. 2012. ANSYS 有限元仿真中的一些经验[J]. 机械制造,02:33-38.

辛文波,王旭,偰光恒. 2010. 构皮滩水电站引水发电系统进水塔混凝土施工工艺[J]. 贵州水力发电,02:25-27.

徐闯,朱为玄,邓爱民,等. 2012. 盖下坝水电站施工期温度应力及损伤仿真分析[J]. 水力发电,10:47-49.

薛香臣,张尹翟,刘鹏飞. 2009. 糯扎渡水电站 3# 导流洞进水塔混凝土施工[J]. 水利水电技术,06:41-42,45.

阎士勤. 2008. 小浪底工程进水塔混凝土的温度控制[J]. 水电站设计,02:31-36.

杨华威,袁广江,肖刘. 2012. ANSYS 接触单元在接触热阻仿真中的应用[J]. 微波学报,S2:241-244.

杨杰,毛羴,侯霞,等. 2012. 大体积混凝土温度场及温度应力的有限元分析[J]. 天津城市建设学院学报,18(4):270-274.

阴起盛. 2011. 东焦河水电站进水塔施工方法简介[J]. 山西水利,09:49-50.

袁吉栋,刘志军,邢红芳. 2008. 岳城水库进水塔混凝土表面碳化检测及处理[J]. 海河水利,06:49-51.

袁艳平,程宝. 2004. ANSYS 的二次开发与多维稳态导热反问题的数值解[J]. 建筑热能通风空调,02:92-94.

张安宏. 2007. 岳城水库泄洪洞进水塔混凝土防碳化处理[J]. 北京水务,04:8-11.

张晓飞,李守义,槐先锋,等. 2011. 水电站厂房温度场和应力场仿真计算分析[J]. 水资源与水工程学报,02:5-9.

赵长勇,张系斌,翟晓鹏. 2008. 基于 ANSYS 参数化语言 APDL 的结构优化设计[J]. 山西建筑,03:362-363.

赵琳,刘振侠,胡好生. 2007. ANSYS 二次开发及在火焰筒壁温分析中的应用[J]. 机械设计与制造,08:80-82.

赵晓西,徐松林,胡良明,等. 2010. 基于 SAP2000 与 ANSYS 建模方法的工程抗震应用[J]. 工业建筑,S1:334-336.

赵晓西,李英,赵海燕. 2011. AUTOCAD/ANSYS 在盘石头水库泄洪洞高进水塔工程中应用[J]. 河南科技,09:74-75.

周鸿钧,张五岳. 1992. 大型进水塔的三维有限元动力分析[J]. 郑州工学院学报,03:1-6.

周黎明. 2013. 浅谈石门水库引水洞进水口塔体稳定分析[J]. 陕西水利,03:98-100.

周贤庆. 2011. 水工混凝土施工中温控防裂措施的研究[J]. 大众科技,04:100-101.

朱波,龚清盛,周水兴. 2012. 连续刚构桥 0 号块水化热温度场分析[J]. 重庆交通大学学报(自然科学版),05:924-926,952.

邹开放,段亚辉. 2013. 溪洛渡水电站导流洞衬砌混凝土夏季分期浇筑温控效果分析[J]. 水电能源科学,03:90-93,138.

第6章 结论与展望

6.1 本书的主要工作及结论

本书结合河南省燕山水库进水塔的施工过程以及施工期气象资料,利用有限元分析软件 ANSYS 对进水塔底板进行施工期温度场分析,并对进水塔进行施工期和蓄水期温度场和温度应力仿真分析。现将本书的主要工作和结论简要归纳如下:

(1)针对燕山水库进水塔结构复杂、在 ANSYS 中直接建模困难的情况,提出了利用 ANSYS 接口工具,通过三维机械设计软件 SolidWorks 进行实体建模,然后导入 ANSYS 中进行计算分析的方法,极大的解决了 ANSYS 处理复杂模型建模困难的问题,为充分发挥 ANSYS 强大的计算分析功能提供了基础。

(2)利用 RT-1 温度计,对进水塔底板进行了施工期温度实时监测,为全面了解混凝土水化热温度变化规律提供了定量依据。以燕山水库进水塔为模型,应用有限元软件 ANSYS 对其进行了施工期及模拟蓄水期温度场和温度应力的仿真分析,并完成了其底板施工期仿真分析结果与现场实测结果的对比,其结果基本一致,证明了本书应用有限元软件 ANSYS 对进水塔进行温度场及温度应力分析结果的准确性。

(3)进水塔混凝土施工期 ANSYS 仿真分析结果表明,混凝土最大温升为19.934℃,出现在浇筑的最后一层,发生在混凝土浇筑后的第 4 天左右。混凝土内外温差最大为 23.534℃,发生在混凝土浇筑的第 3 天。最大拉应力为 1.68MPa,发生在混凝土浇筑的第 40 天,出现在新老混凝土的接触面,小于混凝土的极限拉应力。因此,可以得出结论,进水塔混凝土在施工期不会产生裂缝。但是提醒我们要特别注意施工期新老混凝土接触面的处理,以避免温度应力过大产生裂缝。

(4)进水塔混凝土蓄水期两种工况下的 ANSYS 模拟分析结果表明,混凝土最大拉应力均发生在蓄水的第 8 天,出现在第 8 天水位与进水塔混凝土表面接触的点,但小于混凝土极限拉应力。说明进水塔混凝土在模拟蓄水期不会产生裂缝。

(5)通过对燕山水库进水塔施工期和模拟蓄水期的 ANSYS 分析,结合进水塔施工期没有出现裂缝的实际,说明对进水塔这样的大体积混凝土在其施工过程中采用分层分块施工,严格控制层厚,及时进行通水冷却以及混凝土表面铺盖洒水养护是一系列合理有效的温控措施。

6.2 本书有待进一步探讨的问题

本书结合燕山水库进水塔的工程实例,应用 ANSYS 软件对其进行了施工期和模拟运行期的温度场和温度应力分析,为下一步燕山水库的蓄水提供了一定的实践指导资料,但是由于时间及条件限制,本书仍存在有待进一步探讨的问题:

(1) 许多参量如混凝土的弹性模量、徐变度、水化热、热力学参数等只考虑到与材料的性质以及时间等有关,实际上它们可能与混凝土本身的温度相联系,应进一步提出合适的理论,并用实验来描述它们之间的关系,这一问题的解决将是温度方面的一大突破,对大体积混凝土结构的温度应力开裂的仿真分析具有重大的意义。

(2) 在施工期 ANSYS 分析中,对气温变化,以月平均气温为标准来拟合温度变化曲线,这虽然在一定程度上简化了计算的复杂性,但是由于没有考虑气温的随机性,不能准确描述气温突然变化这一对混凝土温度应力影响较大的因素。

(3) 在模拟蓄水期 ANSYS 分析中,蓄水完毕后假定水库水位不变化,没有考虑水位变化时浪压力等的作用,可能会对结果有一定的影响。

(4) 本书中的工程实例由于没有出现裂缝,所以作者并没有对裂缝进行分析。现有的分析混凝土裂缝的常用方法是断裂力学方法,包括:①在分离式裂缝模型中采用虚拟裂缝模型;②在片状裂缝模型中采用钝头裂缝带模型。但是这两种模型或者计算复杂,或者不能直接计算裂缝间距和宽度。作者通过对大量文献的阅读以及对一些其他实例的分析认为,利用离散单元法进行混凝土裂缝的分析,准确性更高,局限性更小,可能成为以后混凝土裂缝分析的一个新的合理方法。